# 东北常见植物图谱

Atlas
of common plants
in Northeast China

王 艳　代保清　主编

杨建忠　主审

化学工业出版社

·北京·

## 内容简介

本书选取了东北常见的植物种类近400种（及种下单位），门、科排列以《东北植物检索表》和《辽宁植物志》的体系为参考，分别介绍了科、种的关键特征，编写了所涉及植物的属、种检索表，方便使用者查询和使用。书中对每种植物附有野外拍摄的原色图片和实验室内解剖镜下拍摄的显微图片，目的是尽可能全方位展示植物从宏观到微观的分类学特征，方便使用者对植物进行详细认知并在此基础上能进一步进行鉴定，实用性非常强。

本书可作为实习教材，供农林院校、师范院校、综合性大学、职业技术学院等相关专业的学生使用，也可供相关领域的教学和科研人员参考，亦可供热爱大自然、有兴趣探究植物奥秘的相关人士参考使用。

**图书在版编目（CIP）数据**

东北常见植物图谱/王艳，代保清主编． —北京：化学工业
出版社，2020.12
ISBN 978-7-122-38008-1

Ⅰ.①东… Ⅱ.①王…②代… Ⅲ.①植物-东北地区-图谱
Ⅳ.①Q948.523-64

中国版本图书馆CIP数据核字（2020）第229772号

责任编辑：廉　静　张春娥　　　　　　装帧设计：王晓宇
责任校对：李雨晴

出版发行：化学工业出版社（北京市东城区青年湖南街13号　邮政编码100011）
印　　装：凯德印刷（天津）有限公司
880mm×1230mm　1/16　印张27¹/₂　字数873千字　2021年6月北京第1版第1次印刷

购书咨询：010-64518888　　　　　　售后服务：010-64518899
网　　址：http://www.cip.com.cn
凡购买本书，如有缺损质量问题，本社销售中心负责调换。

定　　价：168.00元　　　　　　　　　　　　　　版权所有　违者必究

# 编写人员名单

主　编：王　艳　代保清

编　者（按姓名汉语拼音排序）：

白雪婧　代保清　董艳杰

刘宏鑫　师　光　王兰兰

王　茜　王新颖　王　艳

武鹏峰　薛晟岩　杨　明

杨　锐　张　阳　郑晓明

主　审：杨建忠

东北地区植物种类丰富、地域特色突出且区系成分变化较大。其中辽东山区有着优良的自然环境和较高的生物多样性，很多高校选择在这里开展实习实践活动。位于辽东的清原县境内就有包括沈阳师范大学在内的多所高校的教学实习基地，生物学相关专业的学生每年都会来这里开展植物学、生态学、环境学等方面的实践活动。清原县地处辽东山地丘陵区，东与吉林省梅河口市、柳河县毗邻，南与新宾满族自治县接壤，西与铁岭县交界，北与西丰县、开原市相连，地势东南高西北低。吉林哈达岭山脉在县境北部呈东北西南走向。南部属龙岗山山脉，海拔在800m左右；中部为浑河谷地，平均海拔在200～400m之间。清原县属中温带亚湿润区内的大陆性季风气候，雨热同季，四季分明。清原县境内植被属于长白山植物区系，也有华北植物成分，植物种类丰富，仅清原县境内的海阳林场（沈阳师范大学野外实习教学基地所在地）就有高等植物98科438属953种，其中蕨类植物门8科10属19种、裸子植物门3科8属20种、被子植物门87科420属914种；有的植物为重要的用材树种，如裸子植物代表种类有红松、日本落叶松、长白落叶松、油松等，被子植物的代表种类有蒙古栎、胡桃楸、水曲柳、紫椴等；有国家一级保护植物人参，二级保护植物水曲柳、黄檗、紫椴、蒙古栎、胡桃楸、刺楸、怀槐、软枣猕猴桃、穿龙薯蓣、羊耳蒜、二叶舌唇兰、野大豆等；药用植物常见的有北五味子、刺五加、木贼、党参、黄芪等；山野菜资源、花卉资源、蜜源植物等也很丰富。

本书是编者根据多年在东北地区开展植物调查研究，尤其是在辽宁东部山区特别是清原县所积累的教学和科研资料整理形成，综合考虑学生植物学野外实习、专业技术人员的实际运用和其他植物爱好者的需求，选取了东北常见的植物种类近400种（及种下单位），门、科排列以《东北植物检索表》和《辽宁植物志》的体系为参考，分别介绍了科、种的关键特征，编写了所涉及植物的属、种检索表，方便使用者查询和使用。书中对每种植物都附有野外拍摄的原色图片和实验室内解剖镜下拍摄的显微图片，目的是尽可能全方位展示植物从宏观到微观的分类学特征，以便使用者对植物进行详细认知并在此基础上能进一步进行鉴定，实用性非常强。

本书可作为实习教材，供农林院校、师范院校、综合性大学、职业技术学院等相关专业的学生使用，也可供相关领域的教学和科研人员参考，亦可供热爱大自然、有兴趣探究植物奥秘的相关人士参考使用。"赤心用尽为知己，黄金不惜栽桃李。"希望这本书能为培养植物学相关专业人才发挥作用，能成为相关领域人员的参考书。希望人们徜徉于拥有生物多样性的生物群落中时，本书能帮助大家认识植物。

本书得以完成和出版，首先要感谢沈阳师范大学生命科学学院的生物学科和污染生态学科、沈阳市园林科学研究院的大力支持，感谢中国科学院沈阳应用生态研究所于景华研究员、沈阳市城市管理综合行政执法局李雪飞、额尔古纳国家级自然保护区周明老师提供的精美照片。其次也要感谢沈阳师范大学生命科学学院野外实习教师团队的大力支持！多年来，相关老师在科研上的敬业精神和教学过程中为培养人才鞠躬尽瘁、孜孜不倦的奉献精神也成为编写者完成本书的动力！再次向相关人员致敬！

由于编者的水平有限，对于书中可能出现的疏漏和不足，恳请广大读者批评指正！

编者

2020 年 6 月

# 目录
CONTENTS

参考文献

# 蕨类植物门

## 门重点特征

植物以孢子繁殖。通常为中型或大型草本，分化为根、茎、叶，有维管束。

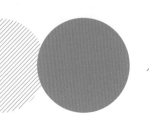

# 木贼科 Equisetaceae

**科重点特征** 小型或中型蕨类。地上枝直立，圆柱形，绿色，有节。叶鳞片状，轮生，于节上合生成筒状的叶鞘。孢子囊穗顶生，圆柱形或椭圆形；孢子叶轮生，盾状。

## 木贼属 *Equisetum*

### 问荆 *Equisetum arvense* L.

【**关键特征**】茎二型，孢子茎春季由根状茎发出，孢子囊穗顶生，圆柱形，由螺旋状沿穗轴排列的孢子组成；孢子叶六角形，盾状着生。营养茎在孢子茎枯萎时或枯萎后发出，营养茎节部轮生多分枝。

【**生存环境**】生于田边、路旁、林缘湿地及河边草地。

【**经济价值**】全草入药，具清热、凉血、止咳、利尿功效。

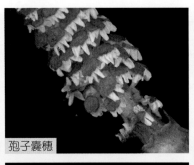

孢子囊穗

孢子叶两面

营养茎节部轮生分枝

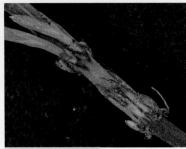

孢子茎　叶鞘的鞘齿披针形

营养茎

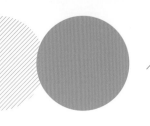

# 碗蕨科 Dennstaedtiaceae

**科重点特征** 叶远较茎发达，叶片1～4回羽状细裂。孢子囊群圆形，叶缘生或近叶缘顶生于每条小脉上，囊群盖上端向叶边开口。

## 碗蕨属 Dennstaedtia

## 溪洞碗蕨 Dennstaedtia wilfordii（T. Moore）H. Christ

【关键特征】叶无毛或几乎无毛，长圆状披针形，2～3回羽状深裂，小羽片长圆状卵形，基部楔形；叶柄基部栗黑色。孢子囊群近圆形，生于裂片齿凹处或前端，顶生于小脉上。

【生存环境】生于山地阴处石缝、水沟旁或阔叶林下以及林中湿润的石砬子和石质山坡。

【经济价值】药用，祛风解表，主治风湿痹痛、筋骨劳伤疼痛。

根与叶柄

叶背面

植株　孢子囊群生于叶缘

# 蕨科 Pteridiaceae

**科重点特征** 中型或大型蕨类植物。根状茎密被锈黄色或栗色的有节长柔毛。叶具长柄，叶片大，远生，三回羽状。孢子囊群线形，沿叶缘生于连接小脉顶端的一条边脉上。

## 蕨属 Pteridium

## 蕨 *Pteridium aquilinum* var.*latiusculum*

欧洲蕨*Pteridium aquilinum*（L.）Kuhn的变种

**【关键特征】** 多年生大型蕨类植物。根状茎长而横走，黑褐色。叶片卵状三角形或广三角形，三出状；3回羽状分裂，末回小羽片（或裂片）长圆形至椭圆形，裂片叶脉羽状。孢子囊群线形，沿叶裂片边缘分布。

**【生存环境】** 生于山坡向阳处、林缘或林间空地等阳光充足处。

**【经济价值】** 蕨的叶芽、嫩茎为珍贵山野菜。根茎药用，具有清热、滑肠、降气、化痰等功效，根茎提取的淀粉称蕨粉，可食用。

叶背面

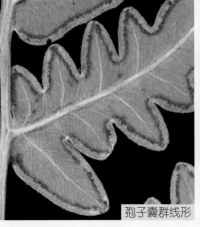

孢子囊群线形

植株

注：除植株外，其他图片为植物经短暂压制后拍摄，颜色与生活植株比有一定改变。

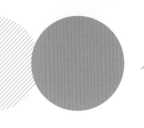

# 蹄盖蕨科 Athyriaceae

| 科重点特征 | 中小型陆生植物。根状茎上有阔鳞片。叶片1～3回羽状，或4回羽裂，各回羽轴和主脉多数被有毛，叶轴、各回羽轴及中肋上面通常有彼此贯通或不相通的纵沟，纵沟两侧有隆起的狭边。孢子囊群圆形、椭圆形、线形或新月形；囊群盖与囊群同形。 |
| --- | --- |

## 蹄盖蕨属 *Athyrium*

### 中华蹄盖蕨 *Athyrium sinense* Rupr.

【关键特征】多年生蕨类植物。叶柄基部黑褐色，叶簇生，叶片长圆形，3回羽裂，基部2对羽片略缩短，羽片无柄。孢子囊群弯弓形、长圆形，生于茎部上侧小脉，囊群盖啮蚀状或流苏状。

【生存环境】生于针阔混交林下的阴湿地方，或疏林下或林缘草丛。

【经济价值】根茎入药，具清热解毒、驱虫功效。

植株，示叶柄褐色

幼叶

叶柄生有深褐色鳞片

叶正面，示基部2对羽片缩短

叶背面

根

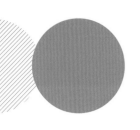

# 金星蕨科 Thelypteridaceae

**科重点特征** 叶柄禾秆色，叶通常2回羽裂，少有3～4回羽裂，各回羽片基部对称，羽片基部着生处下面常有一膨大的疣状气囊体。孢子囊群为圆形、长圆形或粗短线形，背生于叶脉，有盖或无盖。

## 沼泽蕨属 *Thelypteris*

### 沼泽蕨 *Thelypteris palustris*（Linn.）Schott

【**关键特征**】叶柄基部黑褐色，向上为深禾秆色，有光泽。叶片2回深羽裂，羽片20对左右，近对生。孢子囊群圆形，背生于主脉两侧的侧脉中部，有盖。

【**生存环境**】生于湿润草甸、落叶松甸子中或塔头甸子中，是阴湿、沼泽环境的指示性植物。

叶二回深羽裂，基部一对略缩短　　　　　　　　　　　　羽片背面　根及有光泽的叶柄

根状茎

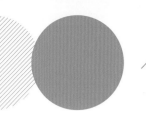

# 球子蕨科 Onocleaceae

**科重点特征** 叶二形：营养叶绿色，椭圆披针形或卵状三角形，1回羽状至2回深羽裂；孢子叶椭圆形至线形，1回羽状，羽片强度反卷成荚果状，深紫色至黑褐色，成圆柱状或球圆形。孢子囊群圆形。

## 球子蕨属 *Onoclea*

## 球子蕨 *Onoclea sensibilis* var. *interrupta* L.

【**关键特征**】根状茎长而横走。营养叶1回羽状；孢子叶2回羽状，反卷成分离的小球形，呈念珠状。孢子囊群圆形。

【**生存环境**】生于阴湿草甸、林缘阴湿草地、河边草丛或灌丛中。

【**经济价值**】本种可作观赏蕨类栽培。

孢子叶反卷成分离的小球形

营养叶背面

株丛　根状茎

能育叶

# 鳞毛蕨科 Dryopteridaceae

**科重点特征** 根状茎和叶柄密被棕色或黑色鳞片；叶片1~5回羽状，各回羽轴和主脉下面被披针形或线形或钻状鳞片。孢子囊群圆形，顶生或背生于小脉，通常有盖。

## 鳞毛蕨属 *Dryopteris*

## 华北鳞毛蕨 *Dryopteris goeringiana*（Kunze）Koidz.

【关键特征】叶3回羽状分裂，基部羽片长圆状披针形，末回羽片锯齿具刺芒。孢子囊群近圆形，通常沿小羽片中肋排成2行，囊群盖圆肾形，膜质，边缘啮蚀状。

【生存环境】生于阔叶混交林下或灌丛中，土生，很少成片生长。

【经济价值】根茎药用名为花叶狗牙七。根茎可以入药。除风湿，强腰膝，降血压，清热解毒。

植株

叶片

未成熟孢子囊群

成熟孢子囊群

叶柄及其上的鳞片

# 裸子植物门

## 门重点特征

植物以种子繁殖。胚珠裸露，不包于子房内。

# 银杏科 Ginkgoaceae

| 科重点特征 | 落叶乔木，枝分长枝与短枝。叶扇形，有长柄，脉序二叉形；球花单性，雌雄异株；种子核果状。 |

## 银杏属 Ginkgo

## 银杏 Ginkgo biloba L.

【关键特征】高大乔木。叶扇形，有长柄，叶脉叉状分枝。雌雄异株，雄球花柔荑花序状，下垂；雌球花具长梗，梗端常分二叉，每叉顶生一盘状珠座，珠座上着生直立胚珠。种子具长梗，下垂，多为椭圆形。外种皮肉质，熟时黄色或橙黄色，外被白粉，有臭味。

【生存环境】对气候、土壤要求都很宽泛，喜光，抗烟尘及有毒气体。

【经济价值】优良园林绿化树种。果实可食，但大量进食后可引起中毒，其内含有氢氰酸毒素，遇热后毒性减小，所以不可生食。药用价值高，叶具有活血、化瘀、通络的功效；果有祛痰、止咳、润肺、定喘等功效。

秋季植株

树干

叶在短枝上簇生

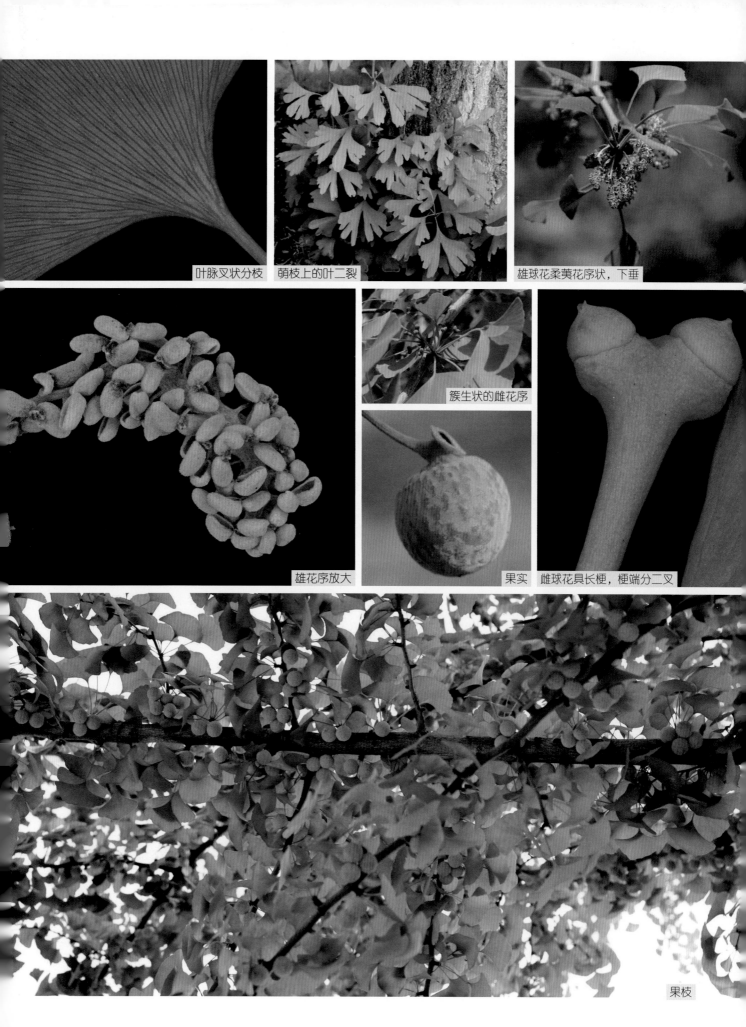

叶脉叉状分枝　萌枝上的叶二裂　雄球花柔荑花序状，下垂

雄花序放大　簇生状的雌花序　果实　雌球花具长梗，梗端分二叉

果枝

# 松科 Pinaceae

| 科重点特征 | 常乔木，有树脂；叶条形或针形；条形叶扁平，稀呈四棱形，在长枝上螺旋状散生，在短枝上呈簇生状；针形叶常2～5针成一束，着生于极度退化的短枝顶端；球花常单性同株；雄球花有雄蕊多数；雌球花由多数螺旋状排列的珠鳞（大孢子叶）与苞鳞组成，每珠鳞内有胚珠2，花后珠鳞增大成种鳞，球果成熟时种鳞木质或革质；每种鳞内有种子2粒，常有翅。 |
|---|---|

## 分属检索表

1. 叶线形，螺旋状着生，或在短枝上呈簇生状，均不成束；常绿或落叶；球果当年成熟。
  2. 叶线形扁平或具四棱，质硬；枝无长、短枝之分。
    3. 球果直立，生于叶腋，成熟后种鳞自宿存的中轴脱落；叶扁平；枝上无隆起的叶枕，仅具圆形、微凹的叶痕 ······························· 冷杉属 *Abies*
    3. 球果斜下垂，生于枝顶，成熟后种鳞宿存；叶四棱形、扁菱状线形，或扁平；枝上具显著隆起的叶枕 ········ ································· 云杉属 *Picea*
  2. 叶扁平、柔软；枝有长枝和短枝，叶在长枝上螺旋状着生，在短枝上簇生 ····················· 落叶松属 *Larix*
1. 叶针形，通常2针、3针、5针一束，着生于极度退化的短枝顶端，基部具叶鞘；常绿乔木；球果次年成熟········ ························· 松属 *Pinus*

# 云杉属 Picea

## 分种检索表

1. 一年生枝有毛，小枝颜色通常黄褐色或淡橘红褐色，基部宿存芽鳞多少向外反曲 ·········· 红皮云杉 *P. koraiensis*
1. 一年生枝无毛或微被疏短毛；小枝颜色较浅，常为淡灰色、灰色或褐灰色，基部宿存芽鳞不反卷 ··························· ································· 青扦 *P. wilsonii*

# 红皮云杉 *Picea koraiensis* Nakai

【关键特征】乔木。一年生枝黄褐色或淡红褐色。上部芽鳞微向外反曲，小枝基部宿存芽鳞明显向外反曲。叶四棱状线形，横切面四棱形，四面有气孔线。球果长卵圆柱形或卵圆柱形、下垂，成熟前绿色，成熟后黄褐色，种子上端有膜质长翅。

【生存环境】本种为浅根性树种，较耐阴耐寒，喜湿润，有较强的适应性。

【经济价值】可作造林及庭园树种。木材可作为建筑、航空、造纸和制造乐器的用材。树干可割取树脂；树皮及球果的种鳞可提栲胶。

小枝上的叶枕

一年生枝叶，示小枝黄褐色

树干

植株

雄球花

上部芽鳞微向外反曲

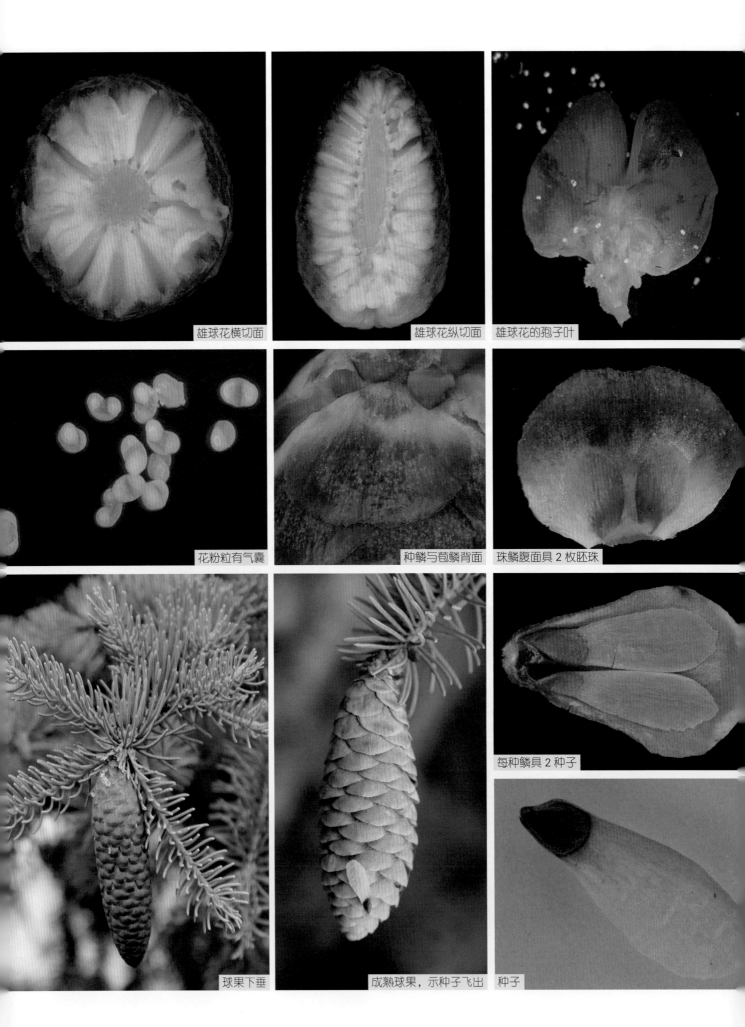

雄球花横切面　　　雄球花纵切面　雄球花的孢子叶

花粉粒有气囊　　　种鳞与苞鳞背面　珠鳞腹面具2枚胚珠

每种鳞具2种子

球果下垂　　　　成熟球果，示种子飞出　种子

 青扦 *Picea wilsonii* Mast.

【关键特征】乔木。一年生枝黄灰色，二、三年生枝灰色或褐灰色。小枝基部宿存芽鳞的先端紧贴小枝。叶线形，先端尖，横切面扁菱形，四面各有4～6条气孔线。球果卵状圆柱形，成熟前绿色，成熟时黄褐色。种子倒卵圆形，种翅倒宽披针形，淡褐色。

【生存环境】耐阴、耐寒、喜光、适应性强，在土壤湿润、深厚、排水良好的微酸性地带生长良好，也能适应微碱性土壤。

【经济价值】是优良的园林绿化观赏树种和良好的用材树种。

小枝及叶枕

当年生枝条

叶

植株　小枝基部宿存芽鳞的先端紧贴小枝

# 冷杉属 Abies

## 杉松冷杉 *Abies holophylla* Maxim.

【关键特征】常绿乔木。一年生枝无毛。叶条形，先端尖。种鳞近扇状四边形或三角状扇形。球果圆柱形，直立；苞鳞长不及种鳞的一半，不外露。种翅比种子长。

【生存环境】在气候寒冷湿润、土层肥厚弱灰化棕色森林土地带，常组成针叶林或针叶树与阔叶树混交林。

【经济价值】本种木材材质轻软、纹理直、有光泽、具香气，可供建筑或做枕木、器具、家具等用。树形优美，为优良观赏树种。

植株

树干

当年生枝叶

叶与芽

二年生枝上叶痕

# 落叶松属 *Larix*

## 黄花落叶松 *Larix olgensis* A. Henry

【**关键特征**】乔木，树皮灰色、灰褐色，纵裂成长鳞片脱落。当年生长枝淡红褐色或淡褐色。叶倒披针状条形。球果长卵圆形或卵圆形，具种鳞16～40枚，中部种鳞四方状广卵形或方圆形，长、宽近相等，种鳞不向外反曲，苞鳞先端不露出。种子近倒卵圆形，淡黄白色或白色，具紫色斑纹。

【**生存环境**】适应力强，耐严寒、湿润，可生长于湿润山地或沼泽地区，也可生长于干燥贫瘠的地区。

【**经济价值**】木材用途广泛。树干可提树脂，树皮可提栲胶。可作湿润山地的造林树种，也可栽培作庭园树。

树干，示树皮纵裂成长鳞片状

长枝上着生的短枝

植株　球果

# 松属 Pinus

## 分种检索表

1.针叶5针一束，叶鞘早落；针叶基部的鳞叶不下延，叶内具一维管束；种子无翅。
  2.球果成熟时种鳞不张开，种子不脱落；种鳞先端不反曲或微反曲；小枝有密毛 ··············红松 *P. koraiensis*
  2.球果成熟时种鳞张开，种子脱落；种鳞先端反曲；小枝无毛 ···························华山松 *P. armandii*
1.针叶2针一束，叶鞘宿存；针叶基部的鳞叶下延，叶内具2维管束；种子上部具长翅。
   3.一年生幼球果下垂，几乎贴在枝上；鳞盾明显凸起，有明显纵脊或横脊；鳞脐刺尖脱落；针叶常扭转 ········
   ······························································· 欧洲赤松 *P. sylvestris*
   3.一年生幼球果直立；鳞盾肥厚微隆起，鳞脊不明显；鳞脐具常不脱落的刺尖；针叶不扭转 ·····················
   ······························································ 油松 *P. tabulaeformis*

## 红松 Pinus koraiensis Siebold & Zucc.

【关键特征】乔木。一年生枝密被锈黄色或红褐色毛。叶5针一束，边缘具明显细锯齿。球果卵圆形或柱状长卵圆形，成熟后种鳞不开裂或微裂，种子不脱落；种鳞菱形，先端微向外反曲。种子大，着生于种鳞腹（上）面下部的凹槽中，无翅或顶端及上部两侧微具棱脊。

【生存环境】喜光，在温寒多雨、相对湿度较高的气候及深厚肥沃、排水良好的棕色森林土上生长最好。

【经济价值】红松为国家二级重点保护植物，是长白植物区系的标志树种。其材质优良，是珍贵用材树种，松子可食。

红松枝条

树皮鳞块状脱落痕为红褐色

叶基部芽鳞松散

植株

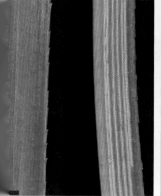

叶背面无气孔线、腹面具气孔线，叶缘有锯齿

叶5针一束

未成熟球果

成熟球果，种鳞不开裂或微裂，种鳞先端向外反曲

## 华山松 *Pinus armandii* Franch.

【关键特征】乔木，一年生枝绿色或灰绿色，无毛。针叶5针一束。球果圆锥状长卵圆形，幼时绿色，成熟时黄色或褐黄色，种鳞张开，种子脱落。鳞盾近斜方形或宽三角状斜方形，不反曲或微反曲。种子无翅，两侧及顶端具棱脊。

【生存环境】在气候温凉而湿润、酸性黄壤、黄褐壤土或钙质土上，组成单纯林或与针叶树、阔叶树种混生。稍耐干燥瘠薄，能生于石灰岩石缝间。

【经济价值】可作造林绿化树种及庭院绿化树种。木材可作建筑和工业用。花粉、种子等可入药。

老树树干呈灰色，有裂片

青壮年树干平滑　植株

枝条　　叶5针一束

小孢子叶球　　小孢子叶球纵切　　小孢子叶

球果　　成熟时种鳞张开、种子脱落　　成熟球果

# 欧洲赤松 *Pinus sylvestris* Linn.

【关键特征】乔木。树皮红褐色，裂成薄片脱落。针叶2针一束，较为粗硬，长约3～7cm，径约1.5～2mm。雌球花有短梗，向下弯垂，幼果种鳞的种脐具小尖刺。种子长3～5mm，种翅为种子长的3倍左右。

【生存环境】抗旱、耐寒、耐贫瘠，对温度、土壤肥力及水分要求不高，能适应多种类型的土壤和气候条件。

【经济价值】是造林和园林绿化优良植物。其木材防腐后可用于各种民用和工业用途。

树干

植株

小枝

枝叶　当年生幼枝

叶 2 针一束，示两面有气孔线

雄球花放大

雄球花

雌球花

成熟果实

一年生球果下垂贴在枝上

【关键特征】乔木，老树平顶。针叶2针一束，暗绿色，较粗硬，不扭转。当年生幼球果卵球形，黄褐色或黄绿色，直立。花期4～5月份，球果次年成熟，球果卵形或卵圆形，与枝几乎成直角，成熟后黄褐色，鳞脐具不脱落的刺尖。种子长6～8mm，种翅为种子长的2～3倍。

【生存环境】喜光，在土层深厚、排水良好的酸性、中性或钙质黄土上均能生长。

【经济价值】可作造林树种及庭院绿化植物。松节、松叶、花粉、松香等均具药用价值。其木材用途广泛。

针叶2针一束　植株

树干　　小枝　　芽　　雌球花

雌球花生于新枝顶端、雄球花生于新枝下部的苞片腋部，其基部为上一年球果　　球果几乎与枝垂直　　鳞脐有刺尖

当年生小球果　　种鳞与苞鳞　　种鳞背面，腹面具2胚珠

成熟后开裂的黄褐色球果

球果成熟后黄褐色　　种子　　宿存几年的球果

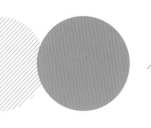

# 柏科 Cupressaceae

**科重点特征** 常绿乔木或灌木。叶鳞形、刺形，或二者兼有；鳞叶交叉对生，刺形叶3～4片轮生。雌雄同株或异株，雌球花具3～16枚珠鳞，苞鳞与珠鳞合生。球果当年或翌年成熟，种鳞木质，熟时张开，或肉质合生呈浆果状，每种鳞内面基部有种子1颗至多颗。

## 圆柏属 Sabina

### 圆柏 Sabina chinensis (L.) Antoine

【关键特征】乔木，生鳞叶小枝四棱形。叶二型，幼树几乎全为刺叶，3叶轮生，渐为刺叶与鳞叶同时生长，老龄树树叶几乎全为鳞叶，交互对生或3叶轮生。球果浆果状，卵圆形或近球形，成熟前蓝绿色，成熟时褐色。种子圆卵形，长约3mm。

【生存环境】喜阳光，在湿润、排水良好的土壤上生长良好，由于根系发达，在干燥地区亦能生长。

【经济价值】材质致密、坚硬、桃红色，美观而有芳香，耐腐力强。树根、树干及枝叶可提取柏木脑的原料及柏木油；种子可榨油，也可入药。

植株

雄球花

鳞叶与刺叶

未成熟球果浆果状　雌球花

种子

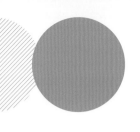

# 红豆杉科 Taxaceae

**科重点特征**　常绿灌木或乔木；树皮红褐色。叶条形，交互对生或螺旋状排列，常2列。雌雄异株；种子成熟时珠托发育成假种皮；种子核果状或坚果状。

## 红豆杉属 *Taxus*

**矮紫杉** *Taxus cuspidata* var. *nana* Rehd.

【**关键特征**】灌木。叶条形。单性异株。种子坚果状，外包红色、杯状假种皮。

【**生存环境**】耐寒、耐阴，怕涝；喜富含有机质的湿润土壤；在空气湿度较高处生长良好。

【**经济价值**】名贵观赏植物，是园林绿化应用的良好植物材料。

植株

枝干，示树皮红褐色　叶呈不规则两列　未开放雄球花

开放雄球花　雌球花有一个顶生的胚珠，下部有苞片数枚　种子

珠托发育成杯状、肉质的红色假种皮，半包围着种子

# 被子植物门

## 门重点特征

植物有花。胚珠包于子房内,以种子繁殖。

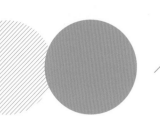

# 胡桃科 Juglandaceae

**科重点特征** 落叶乔木；羽状复叶；花单性；雄花为下垂的柔荑花序；雄蕊3至多数；雌花单生或数朵合生；花被4裂，子房下位，1室，有胚珠1颗；坚果核果状或具翅。

花程式❶：*♂:P$_{1-4}$A$_{3-\infty}$ ♀:P$_{2-4}\overline{G}_{(2:1:1)}$

❶ 花程式是借用符号及数字来表明花的各部分的组成、排列、位置以及它们彼此的关系。其字母含义为：♂—雄花，♀—雌花，K—花萼，C—花瓣，若花萼与花瓣分化不明显时用P表示花被，A—雄蕊群，G—雌蕊群，*—花辐射对称，↑—花左右对称，G下面有一横线表示子房上位，G上面有一横线表示子房下位，G上下各一条横线表示子房半下位，( )表示连合，∞表示多数，G后面的3个数字分别表示心皮数、室数和胚珠数。

## 胡桃属 Juglans

### 胡桃楸 Juglans mandshurica Maxim.

【关键特征】落叶乔木，树皮灰色或暗灰色，浅纵裂。枝条粗壮，扩展，灰色。叶痕较深，呈三角形。奇数羽状复叶，小叶9～17枚，长圆形或卵状长圆形。雄柔荑花序长10～40cm，下垂；雌花组成穗状花序，花被片4，柱头红色。果实卵球形，果实表面刻深沟，有明显的8条棱线。

【生存环境】生于山坡阔叶林中或土壤深厚肥沃而湿润的沟谷内。

【经济价值】材质优良，是中国东北地区珍贵用材树种之一。可作园林绿化观赏树种。果营养价值高。其种仁、青果和树皮入药。

树干

雄花序

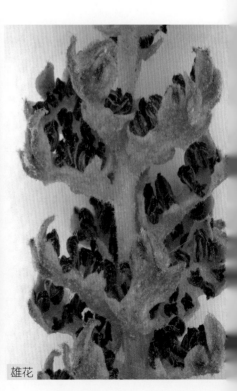

雄花

雌花序，雌花柱头红色

果实

叶及幼果

植株

幼枝及叶痕

内果皮坚硬，有不规则的深刻沟，先端尖

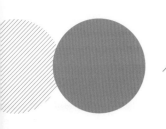

# 杨柳科 Salicaceae

**科重点特征** 落叶乔木；单叶互生，托叶早落；雌雄异株，柔荑花序，花被缺，有花盘或腺体；小型蒴果，种子基部有丝质长毛。

花程式：$*♂:K_0C_0A_{2-∞}$ $♀:K_0C_0\underline{G}_{(2:1)}$

## 分属检索表

1.萌枝的髓心五角形，有顶芽，芽鳞多数；总状分枝；雌、雄花序均下垂；苞片先端分离，花盘杯状；叶片一般较大，叶柄较长 ································································杨属 *Populus*

1.萌枝的髓心圆形，顶芽缺；合轴分枝；雌花序直立或斜展，稀近下垂；苞片全缘，无杯状花盘，花有腺体；叶片一般狭长，叶柄短 ································································柳属 *Salix*

## 杨属 *Populus*

## 分种检索表

1.叶缘有半透明的狭边，叶背面淡绿色，两面都有气孔；叶柄侧扁，叶柄先端有腺点；短枝叶三角形或三角状卵形 ················································································加杨 *P. × canadensis*

1.叶缘无半透明的边缘，叶背面淡黄绿色或苍白色，表面几乎无气孔；叶柄圆柱形；短枝叶椭圆形、椭圆状长圆形、椭圆状披针形及倒卵状椭圆形 ········································香杨 *P. koreana*

## 加杨 *Populus × canadensis* Moench

**【关键特征】** 大乔木。树皮深沟裂。芽大，先端反曲，初绿色，后褐绿色，富黏质。叶柄侧扁，与叶片近等长。叶片三角形或三角状卵形，基部截形或广楔形，通常有 1 ~ 2 腺体，先端渐尖，边缘有圆锯齿，具半透明的狭边。雄花序长 7 ~ 15cm，雌花序可长达27cm。花单性异株，排成柔荑花序。蒴果卵圆形，先端尖，2 ~ 3 瓣裂。雌株少见。

**【生存环境】** 本种喜温暖湿润气候，耐瘠薄及微碱性土壤，速生，抗虫害差。

**【经济价值】** 枝叶茂密，树形高大，宜作行道树、庭荫树、公路树及防护林等用。木材用途广泛；树皮可提制栲胶，亦可作黄色染料。

壮年树的树干　　　　　　　叶，示半透明狭边

叶柄侧扁　　　小枝有棱

叶基部的腺体　　幼树

叶缘具圆齿　　去掉芽鳞的幼雄花序（示苞片先端尖裂）　　雄花

果序　　2 瓣裂的蒴果　　　　　　　3 瓣裂的蒴果

# 香杨 *Populus koreana* Rehder

【**关键特征**】乔木。树皮幼时灰绿色、光滑，老时暗灰色、有深沟裂。芽长卵形或长圆锥形，栗色或淡红褐色，富黏性，有香气。叶片椭圆形，表面暗绿色，有明显的皱纹，背面带白色或稍呈粉红色，边缘有细圆锯齿。雄花序长0.5～5cm；雌花序长3.5～5cm。蒴果卵圆形、无柄、无毛，3～4瓣裂。

【**生存环境**】生于湿润山谷或山间溪流旁。喜光，喜冷湿；多生于河岸、溪边谷地，常与红松混生或生于阔叶树林中。

【**经济价值**】优良绿化植物。木材耐腐力强。

幼树树皮光滑　叶背面

成年植株树皮暗灰色、有深沟裂　果序　　　　　　　叶表面有明显的皱纹

# 柳属 *Salix*

## 垂柳 *Salix babylonica* L.

【关键特征】乔木。枝细，下垂。叶片狭披针形或线状披针形，先端长渐尖，边缘有细锯齿。表面绿色，背面色浅。花序先于叶开放，或与叶同时开放。雄花序长1.5～2(3)cm，雄蕊2，离生，花药红黄色。雌花序长2～3(5)cm，子房椭圆形，无柄或近无柄，花柱短，柱头2～4深裂，腺体1，腹生。蒴果长3～4mm。

【生存环境】喜光，喜温暖湿润气候及潮湿深厚之酸性和中性土壤。较耐寒，特耐水湿。

【经济价值】园林绿化常用树种，观赏价值较高。

植株

叶背面

雄花序

雄花，示苞片及腺体、雄蕊2

种子　树干

叶正面

雌花序　雌花，示柱头2～4深裂，基部具腺体　果序　蒴果

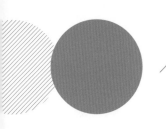

# 桦木科 Betulaceae

| 科重点特征 | 落叶乔木或灌木。单叶互生，羽状脉，叶缘常具重锯齿；托叶2，早落。花单性，雌雄同株；雄花为下垂的柔荑花序，常先叶开放，花被有（桦木族）或无（榛族），雄蕊2～20枚；雌花为圆柱形柔荑花序，每苞片有花2～3，花被有（桦木族）或无（榛族），子房2室，1胚珠，花柱2。果序圆柱形或卵球形，每果苞具2～3小坚果，果苞木质或革质。 |

花程式：$*♂:P_{4,0}A_{2-20} ♀:P_0\overline{G}_{(2:2)}$

## 分属检索表

1. 雄花2～6朵生于每一苞鳞腋间，具膜质花被；雌花无花被；小坚果扁平或较扁平，常具翅，与果苞组成球穗果。
  2. 果苞革质，3裂，每苞具3小坚果，成熟后脱落；雄蕊2，花药2裂；叶两列状排列；芽无柄 ………………………
  ………………………………………………………………………………………………… 桦木属Betula
  2. 果苞木质，5裂，每苞具2小坚果，果熟后不脱落；雄蕊4，花药不分裂；叶螺旋状排列；芽有柄或近无柄……
  ………………………………………………………………………………………………… 桤木属Alnus
1. 雄花单生于苞鳞腋间，无花被；雌花有花被；坚果球形，无翅，包于钟状、管状或囊状果苞内 …… 榛属Corylus

# 桦木属 Betula

## 分种检索表

1. 叶三角状广卵形或三角状卵形，侧脉5～8对，叶柄长1～2.5cm，无毛；树皮粉白色，不剥裂或微剥裂；小枝
  无毛 ………………………………………………………………………………… 白桦B. platyphylla
1. 叶卵形或椭圆状卵形，侧脉6～8对，叶柄长0.3～1.2cm，稍有毛；树皮暗灰褐色或近黑色，龟裂；小枝稍
  有毛 ……………………………………………………………………………………… 黑桦B. dahurica

## 白桦 *Betula platyphylla* Suk.

【关键特征】乔木。树皮白色、光滑，通常不剥裂。叶片广卵形或三角状广卵形，侧脉5～8对。果穗圆柱状，下垂长2～3cm，小坚果具膜质宽翅，翅宽与果宽近相等。

【生存环境】喜湿冷，散生于海拔400～4000m的山地中上部的杂木林内。

【经济价值】园林绿化观赏树种。木材可供一般建筑及制作器具之用。树皮入药，清热利湿、祛痰止咳、解毒消肿。白桦树汁具有抗疲劳、止咳、抗衰老的保健作用。

株丛及生存环境

树干

叶正面

叶背面

雌花序

每苞鳞内具3朵雌花

雄花序一部分

每苞鳞内具3朵雄花

果苞背、腹面

小坚果

果穗

# 黑桦 *Betula dahurica* Pall.

【关键特征】乔木。树皮暗灰褐色或黑褐色,鳞块状深沟裂。叶片卵形、卵状椭圆形或菱状卵形,边缘具不规则锯齿,基部广楔形或近圆形,先端渐尖,侧脉6～8对。叶柄和嫩枝稍有毛。雄花序下垂,雌花序直立。果穗单生于短枝顶端,直立或下垂果苞稍具缘毛。小坚果先端有毛。

【生存环境】生于低山向阳干燥山坡、杂木林内或山脊。

【经济价值】木材质重,可作胶合板、家具、枕木及建筑用材。

植株 　树干

枝叶　果穗

雄花序

## 桤木属 *Alnus*

### 辽东桤木 *Alnus sibirica* Fisch. ex Turcz

【关键特征】落叶小乔木。单叶互生。花单性，雌雄同株，雄花序柔荑状有花被4枚；雌花无花被；果穗椭圆状卵形，呈球果状。果实木质，顶端5浅裂。小坚果广卵形。

【生存环境】生于土壤湿润、阳光充足的山溪附近及阔叶林或针阔叶混交林中。

【经济价值】树皮药用，消热、止咳、化痰、平喘。

植株 树干

叶片正面 叶背面，示叶脉羽状

果穗椭圆状卵形

果苞开裂的果穗

## 榛属 *Corylus*

### 榛 *Corylus heterophylla* Fisch.

【关键特征】灌木。叶较厚，先端微内凹或急尖。花单性同株，先于叶开放。雄花序生于去年生枝上，雌花序生于枝顶或雄花序下方。总苞钟状，边缘具齿牙状裂片，与坚果近等长或稍长，密具腺毛及刺毛。坚果近球形。

【生存环境】常丛生于向阳坡地或林缘低平处。

【经济价值】种子营养丰富，有助于调整血压，对视力有一定的保健作用，还有助消化和防治便秘的作用。

叶正面

株丛　叶背面

雄花序　总苞　果实与种子

# 壳斗科 Fagaceae

**科重点特征** 乔木，少灌木；单叶互生，有托叶，羽状脉直达叶缘；花单性同株；雄花常为柔荑花序，花被4～8裂，雄蕊4～12；有总苞片和小苞片；雌花1～3朵生于总苞中，子房下位；坚果部分或全部生于木质化的总苞（壳斗）内。

花程式：$*♂:K_{(4-8)}C_0A_{4-12}$  $♀:K_{(4-8)}C_0\overline{G}_{(3-6:3-6:1-2)}$

## 栎属 Quercus

### 分种检索表

1. 叶较大，波状齿8～10对，侧脉7～13对；壳斗鳞片疣状 ·········································· 蒙古栎 *Q. mongolica*

1. 叶较小，波状齿5～7对，侧脉5～9（10）对；壳斗鳞片扁平 ························· 辽东栎 *Q. liaotungensis*

## 蒙古栎 *Quercus mongolica* Fisch. ex Ledeb.

【关键特征】落叶乔木，树皮深沟裂。叶长倒卵形，叶缘具较深的波状齿8～10对，侧脉7～13对。雄花序下垂，雌花花被6浅裂。坚果长椭圆形，壳斗鳞片突起呈疣状。

【生存环境】深根系阳性树种，耐旱、喜光，生于山地阳坡。

【经济价值】优良的造林和绿化树种；木材用途广泛；叶富含蛋白质，可饲养柞蚕；种子可酿酒或作饲料；树皮入药，有收敛止泻及治痢疾之效。

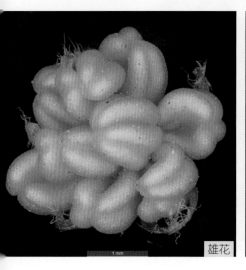

雄花

雄花花被片6裂

雌花

植株，示树干　　雄花序

叶

果实（未完全成熟），壳斗鳞片突起呈疣状　　成熟果实

# 辽东栎 *Quercus liaotungensis* Koidz.

【关键特征】落叶乔木。叶片倒卵状椭圆形，边缘波状浅裂5~7（9）对，侧脉7~9（10）对。坚果卵形或卵状椭圆形；壳斗鳞片扁平，紧贴壳斗。

【生存环境】较耐干旱，常生于阳坡、半阳坡，成小片纯林或混交林。

【经济价值】叶可养蚕，木材用途较多，种子可酿酒或作饲料。果实、壳斗、根皮、树皮可入药。

树干

雌花，示壳斗鳞片扁平

植株

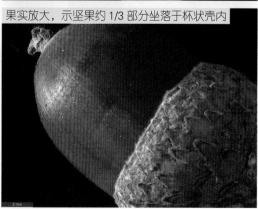

果实放大，示坚果约1/3部分坐落于杯状壳内

叶正面

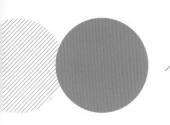

# 榆科 Ulmaceae

**科重点特征** 乔木或灌木。单叶互生，叶基部常偏斜。单被花。翅果或核果。

花程式：$*K_{4-8}C_0A_{4-8}\underline{G}_{(2:1)}$

## 榆属 *Ulmus*

### 分种检索表

1.叶先端常3 ~ 7裂，稀不裂·····································································裂叶榆 *U. laciniata*

1.叶不裂。

  2.翅果仅顶端柱头被毛，翅果长7 ~ 8mm；小枝常无木栓质翅。

    3.叶表面暗绿色·····································································································榆树 *U. pumila*

    3.叶表面金黄色·····································································中华金叶榆 *U. pumila* 'Jinye'

  2.翅果两面及边缘有毛，小枝常具对生而扁平的木栓质翅·····················大果榆 *U. macrocarpa*

## 榆树 *Ulmus pumila* L.

【关键特征】落叶乔木，树皮暗灰色，不规则深纵裂。叶片卵形、椭圆状卵形至卵状披针形，基部常偏斜。雄蕊4 ~ 5，花药暗紫色；花柱2裂。花先叶开放，多朵簇生于上年生枝上。翅果近圆形，稀倒卵状圆形，长8 ~ 17mm。种子位于翅果的中部，上端不接近缺口。

【生存环境】多生于山麓、丘陵、沙地上，河堤、村旁、道旁和宅旁常有栽培。为喜光树种，寿命长，喜湿润、深厚、肥沃的土壤条件，但也耐干旱、瘠薄及盐碱性土壤。

【经济价值】重要绿化树种，也是抗有毒气体（氯气）较强的树种。木材坚实耐用，用途广泛。树皮、叶及翅果均可药用，具安神、利便之功效。

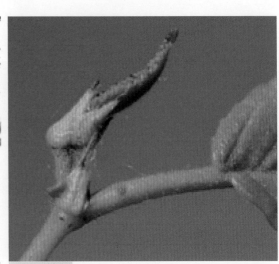

树干，示树皮不规则深纵裂　　托叶披针形

幼枝

叶正面

叶背面

植株　　叶背面

花枝，示小枝灰色、花先叶开放　　花簇生，雄蕊长约为花被的2倍、花药暗紫色

2 mm

花（未完全开放），示雌、雄蕊及花被　　果枝（翅果未成熟）　　成熟果实

榆树变种。

【关键特征】叶片金黄，有自然光泽；叶卵圆形，长3～5cm、宽2～3cm，叶缘具锯齿，互生于枝条上。

【生存环境】中华金叶榆对寒冷、干旱气候具有极强的适应性，在我国东北、西北地区生长良好，同时有很强的抗盐碱性，在沿海地区可广泛应用。

【经济价值】中华金叶榆作为彩叶植物品种，它为我国寒冷、干旱及盐碱地区提供了一个乔灌皆宜的优良彩叶植物新品种，突破了以往黄叶树种往北不能过北京的局限。

叶背面

枝叶

植株　树干　　　　　　果实（未成熟）

## 裂叶榆 *Ulmus laciniata*（Trautv.）Mayr

【关键特征】落叶乔木。树皮浅灰褐色、浅纵裂，裂片常翘起，呈薄片状剥落。叶较大，先端常3～7裂，基部渐狭呈楔形，偏斜，一边直、另一边成半心形或耳状，叶背面密被短柔毛。聚伞花序生于上年生枝上，花被边缘有棕色缘毛。翅果扁平，卵状椭圆形或椭圆形，长1.5～2cm、宽1.1～1.3cm，先端不凹或稍凹入，种子位于中部或稍下。

【生存环境】生长于海拔700～2000m的山坡、谷地、溪边之林中。

【经济价值】树形漂亮，是很好的绿化树种。木材的材质好，用途广。其果实在民间可用于杀虫。

叶片

树干，示裂片常翘起

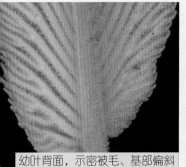

幼叶背面，示密被毛、基部偏斜

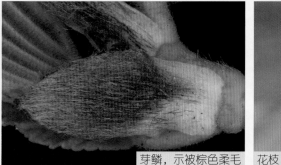

芽鳞，示被棕色柔毛

花枝

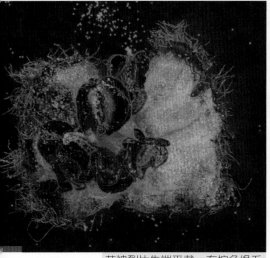
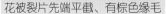

花被裂片先端平截、有棕色缘毛

花，示雌蕊和雄蕊

幼果

# 大果榆 *Ulmus macrocarpa* Hance

【关键特征】落叶乔木或灌木，当年生枝褐绿色或褐色，有粗毛，幼树小枝常有对生而扁平的木栓质翅。叶柄密被糙毛。叶中上部最宽，基部偏斜，先端短尖至尾尖，表面密被短硬毛，背面密被短糙毛，边缘具重锯齿。花被种形，带棕色，被缘毛；雄蕊绿色。翅果广倒卵状圆形或近圆形，长2.5～3.5cm、宽2.2～2.5cm，翅果两面及边缘密被长糙毛。

【生存环境】喜光，耐干旱，稍耐盐碱，广泛分布于山地、丘陵及固定沙丘上。东北林区大多数见于原始林的外围。

【经济价值】木材可供车辆、农具、家具、器具等用。翅果含油量高，是医药和轻工、化工业的重要原料。种子发酵后可供药用。

植株

枝具木栓质翅　叶缘具重锯齿　叶正面，示中上部最宽、小枝具毛　叶背面，示尾状尖

# 桑科 Moraceae

**科重点特征** 乔木或灌木，植株常有乳状液汁，单叶互生。花小，单性，单被花，集成各种花序；子房上位。聚花果。

花程式：$*\male K_{2-4}C_0A_{4-6}$ $\female K_{2-4}C_0\underline{G}_{(2:1)}$

## 分属检索表

1.乔木；雄花序为柔荑花序；雌花序为穗状；聚花果肉质 ·················································桑属 Morus
1.草本。
  2.直立草本，无小刺针；叶互生 ···················································大麻属 Cannabis
  2.攀援性草本，具小刺针；叶对生 ···················································葎草属 Humulus

## 桑属 Morus

桑 *Morus alba* L.

【关键特征】乔木，有乳汁。叶卵形或广卵形，互生。花单性，雌雄异株或同株；雄花序为柔荑花序，花被片宽椭圆形，淡绿色；雄蕊在芽中内折；雌花序为穗状花序，花被4裂；花被片两侧紧抱子房，无花柱，柱头2裂。聚花果红色或暗紫红色，肉质。

【生存环境】生于山坡疏林中，适生于土层深厚、肥沃的松软沙质土壤，喜光，耐干旱，对土壤适应性强。

【经济价值】绿化优良树种，桑枝叶茂密，树姿优美，适应性强，且能抗烟尘及有毒气体。叶为桑蚕饲料。木材可制各种器具，桑皮可造纸。桑葚可供食用、酿酒。叶、果和根皮可入药，其中桑叶可疏散风热、清肺、明目。

树干

叶正面，示托叶披针形

雄花序——柔荑花序　雄花序放大　雄花花被4裂、雄蕊在花蕾中内折

雌花序，示柱头2裂　雌花序——穗状花序　雌雄异花同序

聚花果肉质　未成熟、成熟果实对比

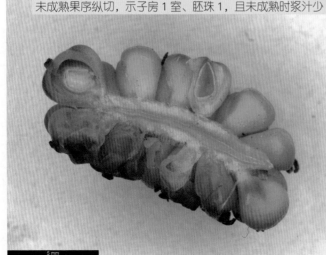

未成熟果序纵切，示子房1室、胚珠1，且未成熟时浆汁少

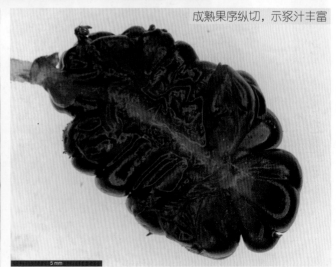

成熟果序纵切，示浆汁丰富

## 大麻属 Cannabis

## 大麻 *Cannabis sativa* L.

【关键特征】一年生草本。茎直立。叶掌状全裂，裂片边缘具粗锯齿。花单性，雌雄异株。雄花排列成长而疏散的圆锥花序；花黄绿色，花被5，膜质，雄蕊5；雌花序短，生于叶腋，球形或穗形，花绿色，花被1，紧包子房。瘦果，包于宿存的苞片内。

【生存环境】适于多雨温暖地区，低湿地带及河边冲积土上亦生长良好。

【经济价值】果实入药，润肠。花主治恶风、经闭、健忘。果壳和苞片有毒，治劳伤、破积、散脓，多服令人发狂。叶含麻醉性树脂，可以配制麻醉剂。茎皮纤维长而坚韧，可用以织麻布或纺线、制绳索和造纸；种子榨油，可供做油漆、涂料等，油渣可作饲料。

植株

雄花序

雄花

果实包于宿存的苞片内

## 葎草属 *Humulus*

**葎草** *Humulus scandens*（Lour.）Merr.

【关键特征】一年生缠绕草本，茎表面具6条棱线，棱上有小钩刺。叶对生，掌状5～7裂，裂片边缘具齿牙。花单性，雌雄异株；花黄绿色；雄花形成圆锥花序，雌花排成近圆形穗状花序，苞片卵状披针形。瘦果褐黄色，扁球形，上有纵条及云状花纹。

【生存环境】生于沟边、路旁、庭院附近及田野间、石砾质沙地和灌丛间。

【经济价值】抗逆性强，可用作水土保持植物。入药，清热解毒、利尿通淋。也可以青饲、青贮或者晒制干草。

植株

雄花序

叶背面

根　茎，示棱上有双叉小钩刺

雄花序

雄花，示雄蕊5、花被片背部有疏毛及腺点

雌花序

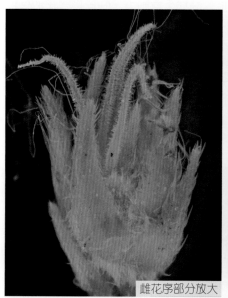
雌花序部分放大

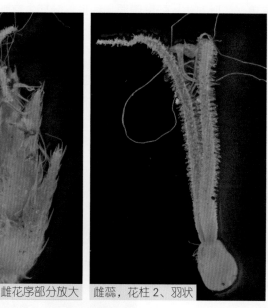
雌蕊，花柱2、羽状

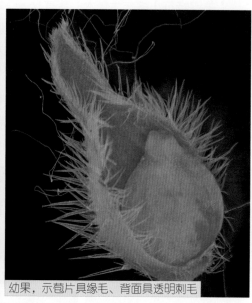
幼果，示苞片具缘毛、背面具透明刺毛

果序

成熟及未成熟果实

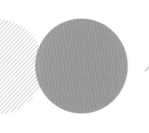

# 荨麻科 Urticaceae

**科重点特征**　多草本，茎皮纤维发达，有时有刺毛。单叶，有托叶。团伞花序排成聚伞等各式花序，花小，绿色，常单性，单被花。瘦果或核果状。

花程式：$* ♂:K_{4-5}C_0A_{4-5} ♀:K_{5-9}C_0\underline{G}_{(1:1)}$

## 荨麻属 *Urtica*

### 狭叶荨麻 *Urtica angustifolia* Fisch.ex Hornem

【关键特征】多年生草本。茎直立，通常单一。叶对生，托叶膜质，线形。叶柄生有刺毛。叶片长圆状披针形或披针形，基部圆形或近心形，先端渐尖，边缘具粗锯齿，叶表面密布点状钟乳体及稀疏短毛，基出3脉。花单性，雌雄异株，花序狭长圆锥状。瘦果广椭圆状卵形，包被于宿存的花被片内。

【生存环境】生于海拔800～2200m的灌木林、山地混交林内，或湿地、林缘湿地、水甸子边及山野多荫处。

【经济价值】可供药用，用作利尿剂、收敛剂、止血剂、祛痰剂和催乳剂，还可用于治疗关节炎、慢性皮肤病等。茎叶可加工成各种各样的菜肴，如凉拌、汤菜、饮料等。

根

叶

茎及叶柄具刺毛，示叶对生、托叶膜质

雌花序

包被于宿存的花被片内的果实，示花序分枝和花被片有刺毛

雄花序

植株

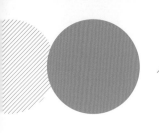

# 蓼科 Polygonaceae

**科重点特征** 常为草本，节膨大；单叶，全缘，互生，有托叶鞘。总状或圆锥状花序；花两性，单被；萼片花瓣状；子房上位。坚果，三棱形或凸镜型，包于宿存花被中。

花程式：$*K_{3-6}C_0A_{6-9}\underline{G}_{(2-4:1:1)}$

## 分属检索表

1.花被片5或花被5裂，稀4～6裂，柱头头状。
  2.花被无龙骨状凸起或翅·······························································蓼属 *Polygonum*
  2.花被一部分具龙骨状凸起或具翅····················································蔓蓼属 *Fallopia*
1.花被片6，柱头画笔状·····································································酸模属 *Rumex*

## 蓼属 *Polygonum*

## 分组检索表

1.叶基部有关节；托叶鞘2裂或多裂；花丝基部宽大，或至少是内侧者膨大·················萹蓄蓼组 Sect. *Avicularia*
1.叶基部无关节；托叶鞘非2裂，通常近筒状；花丝基部不增宽。
  2.托叶鞘先端平截形；茎无沿棱排列的刺；花序呈穗状、圆柱形或线形 ···············桃叶蓼组 Sect. *Persicaria*
  2.托叶鞘先端斜形；茎沿棱有刺；花序头状 ································刺蓼组 Sect. *Echinocaulon*

## 萹蓄蓼组 Scet. *Avicularia* Meisn.

### 萹蓄蓼 *Polygonum aviculare* L.

【**关键特征**】一年生草本，多分枝，由茎的基部至枝端都有腋生的花。花被淡绿色，深裂至1/2，裂片有白色或蔷薇色的狭边。坚果超出花被，无光泽。

【**生存环境**】生于荒地、路旁及河边沙地上。

【**经济价值**】全草用作中药，称萹蓄，性苦平，有清热、解毒、利尿的功能。

茎与托叶鞘

叶正反面 　根

5 mm

1 mm

1 mm

植株 　　　花 　　坚果三棱形、包于花被内

## 桃叶蓼组 Sect. *Persicaria* Meisn.

### 分种检索表

1. 叶较宽大，广椭圆形、卵形至近圆形，茎上部的叶稀广披针形；托叶鞘上缘常有绿色叶状平展的附属物 ……………
………………………………………………………………………………………………… 东方蓼 *P. orientale*
1. 叶较狭小，广披针形至线形；托叶鞘上缘无绿色叶状的附属物。
  2. 总状花序圆柱形，花密生，呈穗状。
    3. 托叶鞘膜质，无毛或稍有缘毛，不紧密抱茎，较宽大 ………………… 酸模叶蓼 *P. lapathifolium*
    3. 托叶鞘疏生伏毛，上端有长缘毛，紧密抱茎，着生在茎上部的更明显 ………………… 春蓼 *P. persicaria*
  2. 总状花序线形或短圆柱形，长1～2cm，疏花，下部常有间断 ………………… 长鬃蓼 *P. longisetum*

 东方蓼 *Polygonum orientale* L.

【关键特征】一年生草本，高可达2m。茎粗壮，直立。叶较宽大；托叶鞘上缘有绿色叶状平展的附属物。茎上部托叶鞘为干膜质状的圆筒，有长缘毛，常破裂成片。总状花序生于枝端或叶腋，常下弯，花稠密。花淡红色或白色，花被片椭圆形。坚果近圆形，扁平，黑色。

【生存环境】常成片生于荒地、沟旁及近水肥沃湿地。

【经济价值】植株高大，可用于城市绿化及人工湿地。

植株

花

茎下部托叶

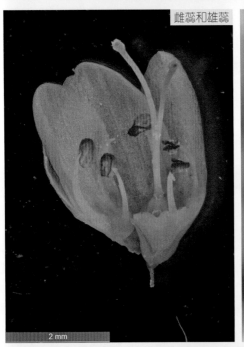

雌蕊和雄蕊

花序

果序一部分

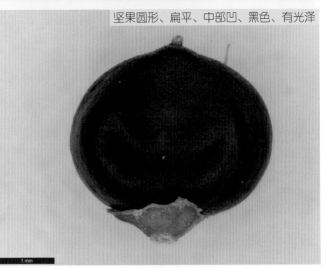

坚果圆形、扁平、中部凹、黑色、有光泽

春蓼 *Polygonum persicaria* L.

【关键特征】一年生草本。叶片披针形，托叶鞘紧密包着茎，上缘有长缘毛。总状花序密花，花被粉红色或白色。瘦果近圆形或卵形，双凸镜状，黑褐色，平滑。

【生存环境】生于林区沟边水湿地。

【经济价值】全草入药，用于风寒感冒、风寒湿痹、伤食泄泻、肠道寄生虫病。

花序，示花穗密花

株丛

茎，示托叶鞘上缘有长缘毛

# 酸模叶蓼 *Polygonum lapathifolium* L.

【关键特征】一年生草本。托叶鞘筒状膜质，无毛或稍有缘毛，不紧密抱茎；叶表面中部常有新月形黑斑。花序圆柱形，近直立，花密生，呈穗状。花被淡红色或白色。瘦果宽卵形，黑褐色，有光泽。

【生存环境】生于沟渠边、废耕地或湿草地。

【经济价值】嫩茎叶可食用。全草及种子可入药，具利尿、消肿之功效。

株丛及生存环境

叶正面，示表面中部有新月形黑斑

叶背面

叶缘和中脉有毛

叶柄有硬刺毛，托叶鞘筒状、先端截形

花序近直立，花密生

花

果序

果实，示花柱2

## 绵毛酸模叶蓼 *Polygonum lapathifolium* L.var.*salicifolium* Sibth.

【**关键特征**】与原变种的区别是背面密被白色绵毛。

【**生存环境**】多生长于水边。

【**经济价值**】参考酸模叶蓼。

株丛及其近水生存环境

茎及托叶鞘

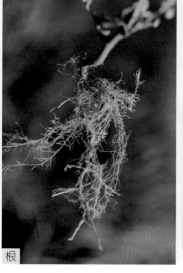

根

叶背面被毛

株丛

【关键特征】一年生草本。茎无毛。叶披针形或宽披针形，先端尖，基部楔形，叶柄短或近无柄，托叶鞘具缘毛。穗状花序直立，苞片漏斗状；花被5深裂，淡红或紫红色，椭圆形；花柱3，中下部连合。瘦果宽卵形，具3棱，长约2mm，包于宿存花被内。

【生存环境】喜光，耐干旱瘠薄，潮湿处也能生长。

【经济价值】荒坡及人工湿地绿化。

植株

茎无毛，托叶鞘上缘有长缘毛

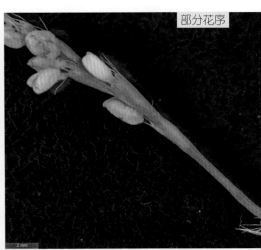

部分花序

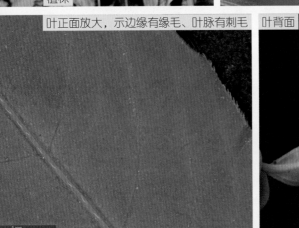

叶正面放大，示边缘有缘毛、叶脉有刺毛

叶背面

花，示雄蕊比花被短

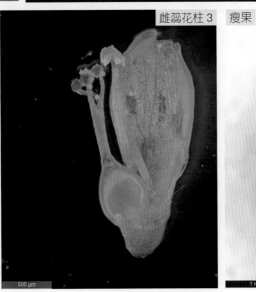

雌蕊花柱3

瘦果

/ 刺蓼组 Sect. *Echinocaulon* Meisn.

## 分种检索表

1. 茎缠绕或攀援。
  2. 叶近正三角形，叶柄盾状着生；托叶鞘大，近圆形，叶状，抱茎；果期花被变蓝色，微肉质·················
    ·····································································································穿叶蓼 *P. perfoliatum*
  2. 叶三角形或三角状戟形，叶柄不为盾状着生；托叶鞘漏斗状；花被干后薄纸质，不为微肉质、蓝色·············
    ·····································································································刺蓼 *P. senticosum*
1. 茎直立或半平卧。
    3. 叶箭形·····················································································箭叶蓼 *P. sieboldii*
    3. 叶戟形，叶耳较长··········································································戟叶蓼 *P. thunbergii*

戟叶蓼 *Polygonum thunbergii* Siebold & Zucc.

【关键特征】一年生草本。茎四棱形，沿棱有倒生刺。托叶鞘斜圆筒形，顶端有缘毛，或具向外反卷的叶状边。叶柄具狭翅及刺毛。叶戟形，两侧具叶耳。花序顶生或腋生，花被白色或粉红色。坚果卵圆状三棱形，黄褐色，平滑。
【生存环境】生于湿草地及水边。
【经济价值】全草入药，有清热解毒、止泻功效。

株丛

叶正面

叶背面

茎具倒刺，托叶鞘具
向外反卷的叶状边

花序

【关键特征】多年生草本。茎蔓生或上升，有四棱，沿棱具倒生刺。托叶鞘短筒状，具半圆形的叶状翅，有毛。叶片三角形或三角状戟形，基部微心形或有深凹弯，有时呈明显的叶耳，背面沿脉疏生刺。花序头状，花被粉红色。坚果近球形，黑色。

【生存环境】生于山沟、林内及路旁。

【经济价值】以全草入药。解毒消肿、利湿止痒。

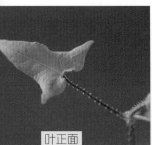

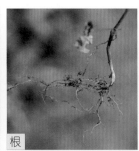

叶正面　　　　　　　　　　　　　　　　　叶背面　根　　　花序，示花被粉红色

植株

穿叶蓼 *Polygonum perfoliatum*（L.）L.

【**关键特征**】多年生蔓性草本。茎及叶柄具倒生刺。叶近正三角形，微盾状着生；托叶鞘叶状，近圆形，穿茎。花被白色或粉红色，在果期变蓝色，微肉质。坚果球形，黑色，有光泽。

【**生存环境**】生于湿地、河边及路旁。

【**经济价值**】药用，败毒抗癌、消炎退肿、除水祛湿。

叶正面

叶背面

植株

托叶鞘叶状、近圆形、穿茎

茎具倒刺

坚果球形

茎具倒刺

未成熟果实

果熟期花被变蓝色

【关键特征】一年生草本。茎细长，蔓生或半直立，带红色，有四棱，沿棱有倒生刺。叶基部深凹缺，具卵状三角形的叶耳，叶柄及叶背中脉上有倒钩刺。头状花序顶生；花序梗平滑无毛；花被白色或粉红色。瘦果宽卵形，三棱状，黑色。

【生存环境】生于山脚路旁、水边。

【经济价值】全草入药。可祛风除湿、清热解毒，用于风湿关节痛、毒蛇咬伤。

植株

叶与茎

叶背面，示叶基部箭头形

叶背箭中脉具倒刺　托叶鞘　茎四棱，沿棱生倒刺　花序

## 齿翅蓼 *Fallopia dentato-alata*（F. Schmidt）Holub

**【关键特征】**一年生缠绕草本。茎具纵棱。托叶鞘膜质，上缘平截；叶柄长，叶心形。总状花序；花梗于果期较花被长或等长；花被5裂，背部有翅，翅基部楔形，下延至花梗上。果时增大，翅具齿；雄蕊8，比花被短；花柱3，极短，柱头头状。瘦果三棱形，黑色，具点状雕纹。

**【生存环境】**生于河岸、山坡荒地及园地、山坡草丛、山谷湿地。

茎及托叶鞘

叶正面

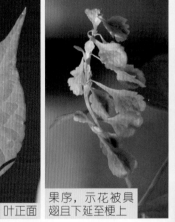

果序，示花被具翅且下延至梗上

果实包藏在花被内，坚果三棱形、黑色

叶背面

花果期植株

## 酸模属 *Rumex*

### 分种检索表

1.基生叶或茎下部叶的基部为箭形；雌雄异株，花被片不具小瘤·······························酸模 *R.acetosa*

1.基生叶或茎下部叶的基部不为箭形；雌雄同株。

  2.内花被片全缘或具锐齿，但不具针刺。

    3.基生叶或茎下部叶披针形或长圆状披针形，基部楔形；内花被片圆卵形，基部心形··························

    ·························································皱叶酸模 *R. crispus*

    3.基生叶或茎下部叶卵圆状披针形，基部微心形；内花被片圆心形 ·········洋铁酸模 *R.patientia* var. *callosus*

  2.内花被片边缘都有2～4对针刺·················································长刺酸模 *R. trisetifer*

## 酸模 *Rumex acetosa* L.

【关键特征】多年生草本。基生叶和茎下部的叶基箭形，雌雄异株，圆锥花序顶生。花被片不具小瘤。坚果三棱形，两端尖，暗褐色，有光泽。

【生存环境】生于湿地、草地、山坡、路旁及林缘。

【经济价值】酸模含有丰富的维生素A、维生素C及草酸，草酸导致此植物尝起来口感酸，被作为料理调味用。

植株

叶基部抱茎

叶

成熟坚果

叶鞘膜质，常破裂；茎具槽

花序

花被片不具小瘤、花柱画笔状

未成熟果实，示外轮花被片反折、内轮花被片果期增大

【关键特征】多年生草本，基生叶长圆形或长圆状披针形，基部圆形或近心形，边缘波状。内花被片圆心形。花被片6，花期无瘤，果期背面具小瘤。坚果卵形，具3锐棱，棕褐色，有光泽。

【生存环境】生于村边、路旁、潮湿地和水沟边。

【经济价值】根含鞣质可提制栲胶。

植株与生存环境，示其具圆锥花序、大型

茎及膜质托叶鞘

部分花序，示花簇生

叶

雄蕊6，花被片6、2轮，外面3枚小而内弯

雌蕊3，外花被片反折，内花被片卵形

成熟果序部分放大，示花被片背部具瘤

果成熟时花被片（示瘤大小有变化），坚果

皱叶酸模 *Rumex crispus* L.

【关键特征】多年生草本，基生叶或茎下部叶披针形或长圆状披针形，基部楔形，边缘有波状皱褶。花序长圆锥状，内花被片圆卵形，基部心形，果熟期背面具小瘤。坚果三棱形，褐色、有光泽。

【生存环境】生于湿地及河沟、水泡沿岸。

【经济价值】根入药，清热解毒、止血、杀虫。

膜质托叶鞘

花序

果期植株

部分花序放大　花

叶背面，示边缘波状皱褶　成熟果序　果期花被片具瘤（未成熟）　坚果

【关键特征】一年生草本。茎粗壮。托叶鞘膜质，常破裂；叶柄短，叶片披针形或狭披针形。总状花序，花两性，花被片6，内花被片边缘都有2～4对针刺，背部有小瘤。黄褐色坚果三棱状卵形。

【生存环境】生于湿地及水泡、河、湖岸边、路旁。

【经济价值】可药用，具杀虫、清热、凉血之功效。

未成熟期果序

果实成熟时的花被片及坚果

茎

叶

花序

植株

花

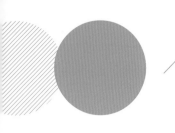

# 马齿苋科 Portulacaceae

**科重点特征** 草本或亚灌木；单叶互生或对生，全缘，多肉质；花两性，辐射对称或左右对称；萼片通常2；花瓣4 ~ 5，稀更多；雄蕊4至多枚，通常10枚；子房1室，上位或半下位，有胚珠1至多颗，生于基生的中央胎座上；蒴果。

花程式：$K_2C_{4-5}A_{10,4-\infty}\underline{G}_{(3-5:1:1-\infty)}$

## 马齿苋属 *Portulaca*

### 分种检索表

1. 叶倒卵状匙形；花小，直径3 ~ 4mm，黄色；野生植物·······················马齿苋*P. oleracea*
1. 叶圆柱形；花大，直径25 ~ 40mm，有各种颜色；栽培植物·············大花马齿苋*P. grandiflora*

## 马齿苋 *Portulaca oleracea* L.

【关键特征】一年生草本，全株光滑无毛，肉质多汁。叶片倒卵状匙形。花直径3 ~ 4mm，黄色。蒴果盖裂，种子多数，细小，偏斜球形，黑褐色。

【生存环境】生于田间、路旁及荒地，为常见杂草。

【经济价值】可食，$\omega$-3脂肪酸含量高。药用，地上部分用于热痢脓血、热淋、带下病、痈肿恶疮、丹毒；种子明目、利大小肠。

蒴果盖裂、种子多数

茎与叶背面

植株　花

# 大花马齿苋 *Portulaca grandiflora* Hook.

【关键特征】一年生肉质草本。叶圆柱形。花直径约4cm，各种颜色。蒴果近椭圆形。

【生存环境】原产巴西。全国各地广泛栽培。喜阳光，多栽培；或生于山坡、田野间。

【经济价值】观赏性强。可供药用，有散瘀止痛、清热、解毒消肿功效。

叶圆柱形，叶腋有白毛

植株

重瓣花类型，示雄蕊多数、花柱6裂

单瓣花类型，示花瓣5

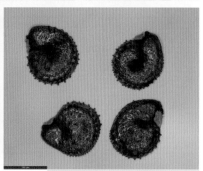

种子肾形、光亮、具疣状凸起

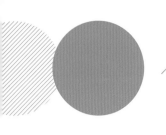

# 石竹科 Caryophyllaceae

科重点特征　草本；节膨大；单叶全缘、对生。两性花，5基数，花被常具爪；特立中央胎座。蒴果。

花程式：$*K_{4-5,(4-5)}C_{4-5}A_{8-10}\underline{G}_{(2-5:1:\infty)}$

## 分属检索表

1.萼片离生，稀基部合生；花瓣近无爪，稀无瓣；雄蕊周位生。

 2.花两型，茎上部的花受精后不结实，基部的花闭锁，无瓣，结实；具块根 …………孩儿参属 *Pseudostellaria*

 2.花单型，无闭锁花；无块根。

  3.花柱通常3，比萼片数目少。

   4.花瓣全缘 ……………………………………………………………………种阜草属 *Moehringia*

   4.花瓣2深裂或2瓣裂，稀多裂或无瓣（有的花柱2）……………………………繁缕属 *Stellaria*

  3.花柱通常4～5，与萼片同数。

   5.蒴果圆筒形或长圆状圆筒形，具大小相等10裂齿；花瓣裂至中部或全缘 ……………卷耳属 *Cerastium*

   5.蒴果卵圆形，5瓣裂至中部，裂瓣先端2裂齿外弯；花瓣几乎裂至基部 ………… 鹅肠菜属 *Myosoton*

1.萼片合生；花瓣通常具爪；雄蕊下位生。

  6.蒴果呈浆果状，熟后质脆，不规则开裂 …………………………………………狗筋蔓属 *Cucubalus*

  6.蒴果不呈浆果状，先端6齿裂或10齿裂。

   7.蒴果及子房1室 ……………………………………………………………女娄菜属 *Melandrium*

   7.蒴果及子房基部3室 ………………………………………………………………麦瓶草属 *Silene*

# 孩儿参属 *Pseudostellaria*

## 蔓假繁缕 *Pseudostellaria davidii*（Franch.）Pax

【关键特征】多年生草本。块根纺锤形，具须根。茎斜升或伏卧，叉状分枝，花后枝端变成细如鞭状的葡匐枝。花两型，具普通花和闭锁花，闭锁花1～2朵，生于茎基部，萼片4，无花瓣，无雄蕊。蒴果近球形，种子多数，圆肾形，直径约1.5mm，被乳头状突起。

【生存环境】生于阔叶林下潮湿地、林下岩石旁富含腐殖质阴地、林下溪流旁及林缘向阳石质的坡地。

株丛

叶背面

叶正面

闭锁花所结种子

根，示块根纺锤形

闭锁花，示花萼 4、茎被 1 列毛

闭锁花侧面，示萼片被毛

## 种阜草属 *Moehringia*

### 种阜草 *Moehringia lateriflora*（L.）Fenzl

【关键特征】多年生草本。叶无柄或近无柄，椭圆形，无托叶。花通常 1 ~ 2（3）朵成聚伞状，花瓣白色，近全缘，花柱3。蒴果椭圆形或卵形。

【生存环境】生于稀疏的针叶林和针阔叶混交林内、灌丛间、林缘、湿草甸及沙丘间低湿地。

叶正面及蒴果

叶背面被短毛

株丛

花正面，示花瓣近全缘

花背面

花侧面

## 繁缕属 *Stellaria*

### 细叶繁缕 *Stellaria filicaulis* Makino

【关键特征】多年生草本，叶对生，线形或狭线形，无柄或近无柄，短于节间。花单生茎顶或上部叶腋，或组成稀疏的聚伞花序；萼片长3.5～4.5mm；花瓣白色，比萼片约长半倍，2深裂几乎达基部，裂片呈线形；雄蕊10，比花瓣短；花柱3。蒴果卵状长圆形，深褐色，表面具规则的皱纹状凸起。

【生存环境】湿草甸、河滩湿草地及山坡下湿草地、水田旁草地、河岸平原。

花瓣裂至基部，雄蕊10、比花瓣短　　　　　　　　　　　　　　　　植株

# 鹅肠菜属 *Malachium*

## 鹅肠菜 *Malachium aquaticum*（L.）Moench

【关键特征】二年生或多年生草本。叶片椭圆状卵形，茎下部叶有柄，两侧疏生柔毛，茎中上部叶无柄，叶片两面无毛。顶生二歧聚伞花序；苞叶状，边缘具腺毛；花梗密被腺毛；萼片背部被腺毛；花瓣白色，比萼片稍短，2深裂至基部附近；雄蕊10，花柱5。蒴果卵圆形；种子多数，肾圆形，扁，熟时深棕色，表面被钝疣状突起。

【生存环境】生于林缘及山地潮湿地、河岸沙石地、山区耕地、路旁及沟旁湿地等。

【经济价值】全草供药用，清热化痰、软坚散结、驱风解毒；外敷治疔疮。幼苗可作野菜和饲料。

植株

茎下部叶有柄、叶柄两侧疏生睫毛

茎上部叶无柄，示叶背面中脉明显

蒴果卵圆形

二歧聚伞花序

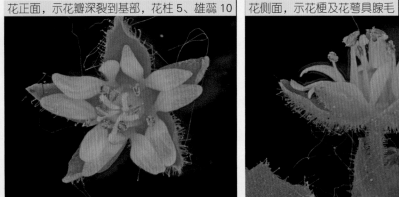

花正面，示花瓣深裂到基部，花柱5、雄蕊10

花侧面，示花梗及花萼具腺毛

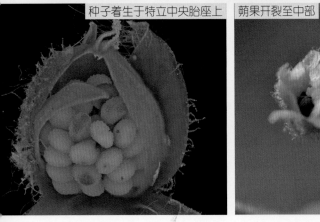

种子着生于特立中央胎座上

蒴果开裂至中部

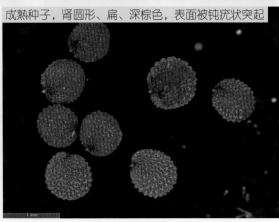

成熟种子，肾圆形、扁、深棕色，表面被钝疣状突起

## 狗筋蔓属 *Cucubalus*

# 狗筋蔓 *Cucubalus baccifer* L.

【关键特征】多年生草本，全株被逆向短绵毛。茎铺散。叶片卵形、卵状披针形或长椭圆形，边缘具短缘毛，两面沿脉被毛。圆锥花序，花瓣白色，瓣片叉状浅2裂，花柱3。蒴果圆球形，呈浆果状，成熟时薄壳质，黑色，具光泽。

【生存环境】生于林缘、灌丛或草地。

【经济价值】根或全草入药，用于骨折、跌打损伤和风湿关节痛等。

株丛

叶正面

叶正面、背面，示茎被毛、叶对生

浆果状蒴果，示花瓣5、白色、叉状浅2裂

## 女娄菜属 *Melandrium*

### 分种检索表

1. 叶、茎及花萼无毛，稀疏生软毛；种子长约1mm ·········································· 坚硬女娄菜 *M. firmum*

1. 叶、茎及花萼密生短柔毛；种子长0.6～0.7mm ·········································· 女娄菜 *M. apricum*

## 坚硬女娄菜 *Melandrium firmum* Rohrb.Monogr.Silene.

【关键特征】一年或二年生草本，全株平滑无毛。茎直立，较粗壮，下部和节部常呈暗紫色。叶片边缘具缘毛，基部边缘常膜质。总状聚伞花序顶生或生于上部叶腋间，似轮生状；花瓣白色，先端2裂，喉部具2鳞片，花柱3。蒴果长卵形，先端6齿裂。种子圆肾形，长约1mm，灰褐色，具棘凸。

【生存环境】山坡草地、林缘、灌丛间、河谷、草甸及山沟路旁。

基生叶正面

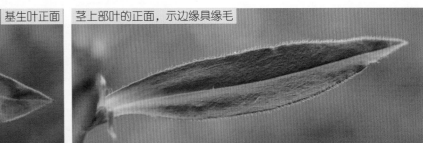

茎上部叶的正面，示边缘具缘毛

植株

节部叶对生、稍抱茎

未成熟果序

**女娄菜** *Melandrium apricum* Rohrb.Monogr.Silene.

【关键特征】一年生或二年生草本。茎基部多分枝。全株密生短柔毛。基生叶倒披针形或狭匙形。聚伞花序；萼筒卵圆形；花瓣白色或粉红色，先端2浅裂，喉部具2鳞片状附属物；花柱3。蒴果卵形，先端6齿裂。种子长0.6～0.7mm，肾形、黑褐色，表面被尖或钝疣状突起。

【生存环境】生于向阳山坡、石碴子坡地、林下、草原沙地、山坡草地及沙丘路旁草地。

【经济价值】全草入药，中药药名为王不留行，用于月经不调、乳少、脾虚浮肿等。

基生叶背面带紫色

基生叶正面

植株

花瓣先端2浅裂

果序

成熟开裂蒴果，示6齿裂

子房1室特立中央胎座

未成熟蒴果放大

种子

## 簇生卷耳 *Cerastium caespitosum* Gilib.

【关键特征】草本，茎被白色短柔毛和腺毛。茎生叶近无柄，叶片卵形、狭卵状长圆形或披针形。聚伞花序顶生，花梗密被长腺毛，花后弯垂。花瓣5，白色，等长或微短于萼片，顶端2浅裂；雄蕊短于花瓣。蒴果圆柱形，长为宿存萼的2倍，顶端10齿裂。种子褐色，具瘤状凸起。

【生存环境】生于山地林缘杂草间或疏松沙质土壤。

【经济价值】全草入药，消炎、止痛、止泻。

叶正面

叶背面

植株

花序，示花瓣5、顶端2浅裂

茎上具腺毛

花柱5

花瓣等长或微短于萼片，萼密被长腺毛

果，示花梗花后弯垂

蒴果，示其长为宿存萼的2倍、顶端10齿裂

种子

## 麦瓶草属 *Silene*

### 毛萼麦瓶草 *Silene repens* Patrin

【关键特征】多年生草本，全株被短柔毛。根状茎细长。叶片线状披针形，边缘基部具缘毛，中脉明显，叶腋具小枝叶。总状圆锥花序，萼被柔毛，筒状棍棒形；花瓣白色，浅2裂或深达其中部；副花冠片长圆状；雌雄蕊微外露；子房3室。蒴果卵形，比宿存萼短。种子圆肾形，成熟时黑褐色，长约1mm，表面被线形微突起。

【生存环境】生于河岸、山坡草地、固定沙丘、湿润草地、溪岸或石质草坡。

【经济价值】可作为园林绿化地被植物。

株丛

茎具短柔毛

叶正反面

蒴果卵形，示其短于萼筒、花柱3

花序，示花瓣2中裂，具副花冠

花萼具毛

2 mm

子房3室、种子圆肾形（未成熟）

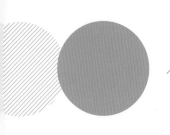

# 藜科 Chenopodiaceae

**科重点特征** 多为草本，植株常有泡状粉粒。单叶互生，无托叶。花小、单被、绿色，常两性，单花或密集成簇；花被 3 ～ 5 深裂，宿存，果时增大、变硬；子房上位，1 室；胚珠 1 个。胞果，生宿萼中。

花程式：$*K_{3-5}C_0A_{3-5}\underline{G}_{(2-5:1:1)}$

## 分属检索表

1. 花单性。
　2. 植株光滑；雌花无花被，子房包于苞片内 ·········································菠菜属 *Spinacia*
　2. 植株被星状毛；雌花有花被片，果期增大，包被果实 ·······················轴藜属 *Axyris*
1. 花两性或杂性。
　3. 果期花被具横生翅 ···········································································地肤属 *Kochia*
　3. 果期花被不具翅 ·······································································藜属 *Chenopodium*

## 地肤属 *Kochia*

**地肤** *Kochia scoparia*（L.）Schrad.

【关键特征】一年生草本，茎直立，多分枝，呈扫帚状。叶互生，狭长披针形或线状披针形。疏穗状花序。花被近球形，淡绿色，花被裂片近三角形，翅端附属膜质。胞果扁球形，包于花被内，果期花被具横生翅。

【生存环境】生于田边、路旁、荒漠、沙地等处。

【经济价值】观赏性强。嫩茎叶可食。可入药，利小便、清湿热。

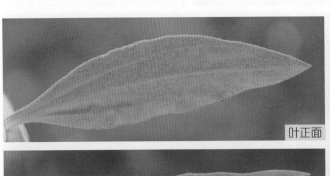

叶正面

叶背面，示具 3 条明显的主脉

花序

茎

根

枝条

植株

种子

果序　果包于花被片中，果期花被具横生翅

## 藜属 *Chenopodium*

### 分种检索表

1.叶卵状三角形、长圆状卵形或菱状卵形；种子表面具小泡状突起，后期部分脱落变成皱纹 ·············· 藜 *C. album*
1.叶长圆状卵形或长圆形，3浅裂，终裂片显著长，边缘具不规则波状牙齿或全缘；种子表面具蜂窝状网纹··········
··············································································· 小藜 *C. serotinum*

**藜** *Chenopodium album* L.

【**关键特征**】一年生草本，茎直立。叶菱状卵形、卵状三角形至长圆状三角形，长3～6cm、宽2.5～5cm，背面通常有粉。团伞花序于枝上排成穗状花序，花两性，花被裂片5，雄蕊5，柱头2。果实稍扁，种子近黑色，光滑。

【**生存环境**】生于田间、路旁及河岸低湿地，为常见杂草。

【**经济价值**】入药，性味甘、平，微毒，有清热、利湿、杀虫功效。也可供食用或作饲料用。

叶背面

植株

根　花序

叶背面有粉

茎具棱、有粉

花序部分放大（花蕾期）　胞果包于花被中，果皮薄、疏松地包围种子

## 小藜 *Chenopodium serotinum* L.

【关键特征】一年生草本，茎直立。叶片长圆状卵形或长圆形，通常3浅裂，中裂片较长，具不规则的波状锯齿或全缘。花序腋生或顶生，被粉粒；花被片5，浅绿色。种子表面有蜂窝状网纹。

【生存环境】广泛分布于路边、荒地等处，为常见田间杂草。

【经济价值】全草可入药，有祛湿、解毒、缓泻之功效。嫩株可食用。

植株

茎

圆锥花序（由团伞花序组成）

花被粉粒，示雄蕊5、伸出花被外，柱头2

# 轴藜属 *Axyris*

## 轴藜 *Axyris amaranthoides*

【**关键特征**】一年生草本，植株被星状毛。茎直立，叶披针状或长圆状披针形。花单性同株；花被片3，雄花簇生于茎枝顶端，雌花单生于上部叶腋，柱头2，线形，果期增大，包被果实。

【**生存环境**】喜生于沙质地，常见于山坡、杂草地、路旁等处。

植株

茎被毛

花序

叶背面

# 菠菜属 *Spinacia*

## 菠菜 *Spinacia oleracea* L.

【关键特征】一年生草本，主根圆锥状，直向下伸，带红色。茎中空。叶片长三角形或卵形。花单性，雌雄异株。雄花集成球形团伞花序，再于枝和茎的上部排列成有间断的穗状圆锥花序；雌花团集于叶腋。果实上的花被具2刺。胞果。

【生存环境】栽培。

【经济价值】食用蔬菜。菠菜有"营养模范生"之称，富含类胡萝卜素、维生素C和维生素K、矿物质（钙质、铁质等）、辅酶$Q_{10}$等多种营养素。

植株

雄花序

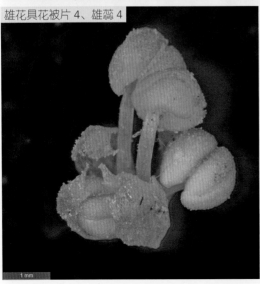

雄花具花被片4、雄蕊4

雌花序

果实

# 苋科 Amaranthaceae

**科重点特征** 一年或多年生草本；单叶互生或对生，无托叶；花小、单被、簇生；花被和苞片干膜质，花被片3～5，雄蕊和花被片等数、对生；子房上位，1室。胞果或小坚果。

花程式：$*K_{3-5}C_0A_{3-5}\underline{G}_{(2-3:1)}$

## 苋属 Amaranthus

## 反枝苋 Amaranthus retroflexus L.

【关键特征】一年生草本。茎直立，粗壮，被细毛。叶互生，叶片卵形或菱状卵形，长4cm以上、宽2cm以上。花杂性，集生成多刺毛的花簇，于花枝上形成稠密的圆锥花序；花被片5，雄蕊5，雌花柱头3。胞果扁圆卵形，环状开裂。

【生存环境】生于田间、农田旁、宅旁及杂草地。

【经济价值】营养价值很高，可作为野菜食用。也可作猪饲料。全草和种子入药，能祛风湿、清肝火，可用于目赤肿痛和高血压的治疗。

植株　花序　花序分枝

雌花，示柱头3　叶背面

雄花

胞果环状开裂、种子有光泽　雄花　胞果包于宿存花被中

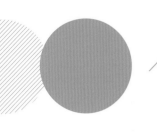

# 五味子科 Schisandraceae

**科重要特征** 木质藤本；花单性，常单生于叶腋内；同被花，花被片6至多数，排成2至多轮；雌蕊多数，心皮多数，分离；浆果，排成球状或因花托伸长排成穗状。

花程式：$*♂:P_{6-\infty}A_\infty \quad ♀:P_{6-\infty}\underline{G}_{\infty:1:2-5}$

## 五味子属 *Schisandra*

## 五味子 *Schisandra chinensis*（Turcz.）Baill.

【关键特征】藤本，叶互生。花单性，雌雄同株或异株，雄花多生于枝条的基部或下部，雌花生于中上部。花被片6～9，乳白色。雄花雄蕊仅5(6)枚，互相靠贴；雌花心皮17～40。聚合果呈穗状，红色浆果近球形，肉质。

【生存环境】生于阔叶林或山沟溪流旁。

【经济价值】可入药，治肺虚喘咳、口干作渴、自汗、盗汗、劳伤羸瘦、梦遗滑精、久泻久痢。种仁可榨油、用作工业原料。

植株

雄花

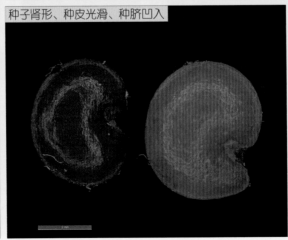
种子肾形、种皮光滑、种脐凹入

果实

# 毛茛科 Ranunculaceae

**科重点特征** 草本；叶分裂或复叶，无托叶，常基生或互生；花两性，整齐或两侧对称，花部分离，雌雄蕊多数，螺旋状排列在膨大的花托上。多为聚合瘦果或聚合蓇葖果。

花程式：$*, \uparrow K_{3-\infty} C_{0-\infty} A_{\infty} \underline{G}_{\infty-1}$

## 分属检索表

1. 花两侧对称，花瓣有爪 ············································ 乌头属 *Aconitum*
1. 花辐射对称。
  2. 果实为蓇葖果。
    3. 花瓣无距；叶为三出复叶或羽状复叶 ························· 升麻属 *Cimicifuga*
    3. 花瓣有距，萼片蓝紫色或黄色；叶为2～3回三出复叶 ··········· 楼斗菜属 *Aquilegia*
  2. 果实为瘦果。
    4. 叶对生；萼片镊合状排列，花瓣无；花柱在果期伸长呈羽毛状 ······ 铁线莲属 *Clematis*
    4. 叶互生或基生；萼片覆瓦状排列。
      5. 无花瓣；萼片通常呈花瓣状 ···························· 唐松草属 *Thalictrum*
      5. 有花瓣；萼片不呈花瓣状 ····························· 毛茛属 *Ranunculus*

# 升麻属 *Cimicifuga*

## 兴安升麻 *Cimicifuga dahurica*（Turcz.）Maxim.

【**关键特征**】多年生草本。2～3回三出羽状复叶，叶片三角形，顶小叶广卵形或菱形，3深裂，边缘有锯齿。雌雄异株，复总状花序，多分枝。雄株花序大，长达30余厘米，雌株花序稍小。萼片5，白色，花瓣状，早落。蓇葖果倒卵状或长圆形。种子褐色，四周生膜质鳞翅，中央生横鳞翅。

【**生存环境**】生于林缘灌丛、草甸、疏林下或山坡草地。

【**经济价值**】根状茎称"升麻"，可供药用，治麻疹、胃火牙痛等症。

| 植株与生存环境 | 花序分枝 | 根 | 雄花 |

## 乌头属 *Aconitum*

**宽叶蔓乌头** *Aconitum sczukinii* Turcz.

【关键特征】多年生草本。块状根倒圆锥形或纺锤形。叶片近圆形，基部心形，3全裂，叶裂片具大圆齿。总状花序顶生或腋生，花少数，萼片蓝紫色，上萼片盔帽状，花瓣片膨大成囊状，雄蕊多数，心皮3或4～5。菁葖果。种子三棱形，长约3mm，沿棱生狭翅，在两面密生横膜翅。

【生存环境】生于阔叶林下、林缘、灌丛或山坡草地。

【经济价值】可观赏及药用。

叶背面

根

植株  花

## 耧斗菜属 *Aquilegia*

### 尖萼耧斗菜 *Aquilegia oxysepala* Trautv.& C.A.Mey.

【关键特征】多年生草本。基生叶为2回三出复叶，具长柄。聚伞花序；萼片5，紫红色或紫色；花瓣5，淡黄色，距紫红色。蓇葖果，种子狭卵形，黑色，有光泽。

【生存环境】生于山地杂木林林下、林缘及山麓草地。

【经济价值】全草入药，可用于调经、活血。

植株　花序

叶正面　叶背面　蓇葖果

花　种子　成熟开裂蓇葖果

# 黄花尖萼耧斗菜 *Aquilegia oxysepala* Trautv.& C.A.Mey.form.*pallidiflora*（Nakai ex T.Mori）Kitag.

【关键特征】与原变种的区别是萼片及花瓣均为黄白色。

【生存环境】生于林缘、草地、高山冻原。

【经济价值】同原变种。

花侧面

花正面

雄蕊多数，成熟雄蕊花药黑色

雌蕊、萼片及花瓣

植株　蓇葖果

/ **唐松草属** *Thalictrum*

## 分种检索表

1.瘦果倒卵形，具3～4条纵翅，具长梗 ·························· 唐松草 *T.aquilegifolium* var.*sibiricum*

1.瘦果椭圆形或狭卵形，无翅，无长梗；柱头箭头状 ························ 箭头唐松草 *T.simplex*

**箭头唐松草** *Thalictrum simplex* L.

【关键特征】多年生草本。2回羽状复叶，小叶长圆状楔形。圆锥花序，雄蕊约15，花药长约2mm，顶端有短尖头，花丝丝形；心皮3～6，无柄，柱头箭头状。瘦果狭椭圆球形或狭卵球形，有8条纵肋。

【生存环境】山地草坡或沟边。

【经济价值】可入药，有清湿热、解毒之功效。

植株

叶正面

叶背面

花

未成熟果实，示柱头箭头状

茎

# 唐松草 *Thalictrum aquilegifolium* L. var. *sibiricum* Regel & Tiling

【**关键特征**】多年生草本。茎生叶为3至4回三出复叶，小叶倒卵形或扁圆形，顶端圆或微钝，基部圆楔形或不明显心形，三浅裂，裂片全缘或有1～2牙齿。圆锥花序伞房状，花密集；萼片白色或外面带紫色。雄蕊多数，长6～9mm；心皮6～8，有长心皮柄，花柱短。瘦果有长梗，倒卵形，具3～4条纵翅。

【**生存环境**】生于草原、山地林边草坡或林中。

【**经济价值**】可作为观赏植物。可入药，西南地区代黄连用。根可治痈肿疮疖、黄疸型肝炎、腹泻等症，是重要蒙药之一。

叶正面　叶背面

植株　雌蕊和雄蕊

花萼

花序一部分　果序

## 铁线莲属 *Clematis*

### 分种检索表

1. 雄蕊有毛，花萼红紫色 ……………………………………………………………………………… 褐毛铁线莲 *C. fusca*

1. 雄蕊无毛。

  2. 小叶（3）5或7，全缘，稀2～3裂，萼片长1～2cm …………………………………… 辣蓼铁线莲 *C. mandshurica*

  2. 小叶5～15，边缘疏生粗齿或3浅裂；萼片长0.7～1cm ……………………………… 短尾铁线莲 *C. brevicaudata*

## 辣蓼铁线莲 *Clematis mandshurica* Rupr.

【关键特征】草质藤本。叶对生，3出羽状复叶，小叶片（3）5或7。圆锥状聚伞花序腋生或顶生；花径 2～4cm，萼片4～5，长1～2cm，白色，边缘密生绒毛；瘦果橙黄色，宿存花柱有长柔毛。

【生存环境】生于林缘、山坡灌丛、阔叶林下。

【经济价值】观赏，可用作攀援或地被植物栽植。根入药，具祛风湿、利尿、镇痛之功效。

复叶背面

复叶正面

花序

花背面，示萼片4

株丛　　成熟果实种子具羽毛状宿存花柱

果实（未成熟）

【关键特征】藤本。1～2回羽状复叶或三出复叶，小叶5～15，边缘疏生粗齿或3浅裂。复聚伞花序腋生或顶生，花径1～1.5cm；萼片4，白色；雄蕊多数，比萼片短，无毛。瘦果卵形，宿存花柱微带浅褐色。

【生存环境】生于山坡灌丛、林缘、林下。

【经济价值】可用于园林绿化。藤茎入药，具清热利尿、通乳、消食、通便等功效。

株丛　　　　　　　　　　　　　　　　　　　　　　　　　　叶对生

叶　花序　　　　　　　　　花

## 褐毛铁线莲 *Clematis fusca* Turcz.

【关键特征】多年生草本或藤本。羽状复叶，小叶5～9，全缘或2～3裂，顶生小叶有时变成卷须。聚伞花序1～3；花腋生，下垂，钟形，萼片4（5），红紫色，花药沿药隔外面密被长毛。瘦果，宿存花柱被开展的黄褐色柔毛。

【生存环境】生于山坡、林边及杂木林中或草坡上。

【经济价值】可用于园林绿化。

聚伞花序1～3花、腋生

植株

花，示花药被褐色毛

# 毛茛属 *Ranunculus*

## 分种检索表

1. 单叶，近圆形，裂片倒卵状楔形；聚合果近球形 ················································ 毛茛 *R.japonicus*

1. 叶为三出复叶；聚合果椭圆形 ························································ 茴茴蒜毛茛 *R.chinensis*

## 茴茴蒜毛茛 *Ranunculus chinensis* Bunge

【关键特征】一年生草本，茎密被伸展的糙硬毛。三出复叶，小叶2～3深裂，裂片再2～3裂或具齿牙或缺刻。花序有较多疏生的花，花直径6～12mm，花瓣5，黄色。聚合果椭圆形，瘦果扁平，喙短，呈点状，长0.1～0.2mm。

【生存环境】生于山麓、山谷、溪流旁、田旁和路旁湿草地、平原与丘陵。

【经济价值】全草可药用，有消炎、退肿、截疟、杀虫之功效。

茎被伸展的糙硬毛

株丛　根

茎中部叶正面　花　　　　花侧面，示花萼被长硬毛　聚合果椭圆形

【关键特征】多年生草本。茎直立，中空。单叶，叶片近圆形或五角形，3深裂。聚伞花序，花瓣5，鲜黄色、有光泽。聚合果近球形，瘦果扁平。

【生存环境】生于田沟旁、湿草地、水边、沟谷、山坡、林下及林缘路边。

【经济价值】可入药，具退黄、定喘、截疟、镇痛、消翳等功效。

茎上部叶

基部叶背面

植株

花背面，示花萼具毛　花

聚合果近圆形

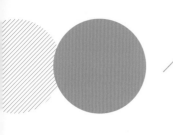

# 小檗科 Berberidaceae

**科重要特征** 灌木或多年生草本；叶常对生；花两性、整齐；花瓣6，常具蜜腺；花萼与花瓣相似，2至多轮，每轮3枚；雄蕊与花瓣同数而对生；子房上位，1心皮1室，胚珠多数或少数。浆果、蒴果、蓇葖果或瘦果。种子1至多数。

花程式：$*K_{6-9}C_{3+3}A_6\underline{G}_{1:1-\infty}$

## 分属检索表

1. 灌木；单叶互生；伞房或总状花序，花具蜜腺；果实为浆果 ······················ 小檗属 Berberis
1. 多年生草本；单叶基生；花单生，花中无蜜腺；果实为蒴果 ················ 鲜黄连属 Jeffersonia

## 小檗属 Berberis

### 西伯利亚小檗 Berberis sibirica Pall.

【关键特征】落叶小灌木。短枝基部生有（3）5～8叉状细尖刺，枝条下部的刺分叉更多。叶缘有刺尖锯齿或细叶针状疏齿牙。花单生，淡黄色。萼片2轮；花瓣先端浅缺裂。浆果倒卵形，鲜红色。

【生存环境】生于山地及丘陵石砾质坡地。

【经济价值】根皮和茎皮入蒙药，有清热、解毒、止泻、止血、明目之功效。

植株

花

果实

## 鲜黄连属 *Jeffersonia*

鲜黄连 *Jeffersonia dubia* ( Maxim ) . Benth.et Hook.Baker et Moore

【**关键特征**】多年生草本。叶基生，具长柄，叶片近圆形。花茎单一，萼片6，卵形，紫红色，早落；花瓣6，天蓝色，倒卵形。蒴果纺锤形；种子黑色。

【**生存环境**】生于山坡灌丛间、针阔叶混交林下或阔叶林下，喜富含腐殖质的湿润土壤。

【**经济价值**】可入药，根茎及根用于肠炎、痢疾、腹痛等。

植株

叶背面

须根发达

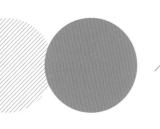

# 防己科 Menispermaceae

| 科重要特征 | 多年生草质或木质藤本。单叶互生，花单性异株，3基数，子房上位。核果。 |
|---|---|

花程式：$*♂K_{3+3}C_{3+3}A_{6-8}♀K_{3+3}C_{3+3}\underline{G}_{3-6:1}$

## 蝙蝠葛属 Menispermum

## 蝙蝠葛 Menispermum dauricum DC.

【关键特征】多年生缠绕性草本。叶柄盾状着生。花序圆锥状，腋生，花淡黄绿色或淡绿色至乳白色，萼片4~8，膜质；花瓣6~8或9~12，肉质，先端不裂；雄花雄蕊常12；雌花心皮3，花柱短，柱头2裂。核果近球形，成熟时黑色；果核宽约10mm、高约8mm，基部弯缺深3mm。

【生存环境】生于山区林缘路旁、灌丛沟谷、山沟多石砾地、河边灌丛间或沙丘上。

【经济价值】根茎可入药。植株可用作半阴处坡地的护坡绿化或于林地作地被植物使用。

植株　雌花序　雄花序

果实（未成熟）　成熟果实　种子

# 金粟兰科 Chloranthaceae

**科重点特征** 草本或灌木，稀为乔木；单叶对生；托叶小；花小，两性或单性，排成穗状花序、头状花序或圆锥花序；无花被或有时在雌花中有浅杯状而具3齿的花被（萼）；雄蕊1或3，合生成一体；子房下位，1室，胚珠单生；果为核果。

花程式：$P_{(3)}A_{1,(3)}\overline{G}_{(1:1)}$

## 金粟兰属 *Chloranthus*

## 银线草 *Chloranthus japonicus* Siebold

【关键特征】多年生草本。茎直立，具3~5节。叶对生，通常4片生于茎顶，成假轮生；叶广椭圆形或倒卵形，边缘从基部约1/3处开始有齿牙状锯齿。穗状花序单一，顶生；花白色，无花梗；雄蕊3，药隔延伸成线形，长4~5mm，水平伸展或向上弯；子房卵形，无花柱。核果歪倒卵形。

【生存环境】生于山坡杂木林下或沟边草丛中阴湿处。

【经济价值】药用，具有祛风散寒、活血解毒的功效。亦可观赏。

株丛　叶正面　叶背面

根　茎具节　花序　果序

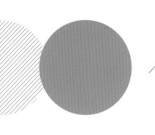

# 马兜铃科 Aristolochiaceae

**科重点特征** 草本或藤状灌木；单叶互生。花两性；花被常单层，花被管囊状。子房下位或半下位，4 ~ 6室。蒴果。

花程式：$* \uparrow P_{(3)} A_{6-\infty} \overline{G}_{(4-6:\,\infty)}$

### 分属检索表

1.草质或木质藤本；花通常两侧对称，花被管通常弯曲；果实开裂 ·················· 马兜铃属Aristolochia
1.多年生草本；花通常辐射对称，花被筒壶状杯形；果实不开裂·················· 细辛属Asarum

## 马兜铃属 Aristolochia

## 北马兜铃 Aristolochia contorta Bunge

【关键特征】草质藤本。叶广卵状心形或三角状心形。花3 ~ 10朵簇生于叶腋，花被管状，暗绿紫色，基部膨大为球形，花被檐部顶端具丝状长尾尖。蒴果下垂，成熟时由基部沿沟槽6裂。种子三角状心形，灰褐色，扁平，具小疣点。具宽2 ~ 4mm、浅褐色膜质翅。

【生存环境】生于山沟灌丛间、林缘、溪流旁灌丛中、河岸柳丛间。

【经济价值】药用，茎叶称天仙藤，具止痛、利尿之功效；果称马兜铃，清热降气、止咳平喘；根称青木香，有小毒，具健胃、理气止痛等作用。

叶

花

植株

成熟开裂蒴果

## 细辛属 *Asarum*

辽细辛 *Asarum heterotropoides* F.Schmidt var.*mandshuricum*（Maxim.）Kitag.

【关键特征】多年生草本。叶卵状心形或近肾形，基部心形，叶柄无毛，叶片先端钝尖或急尖。花单生叶腋，紫棕色；花被裂片由基部向外反折；雄蕊着生于子房中部；子房半下位或几近上位，近球形，花柱6，顶端2裂。果半球状，长约10mm、直径约12mm。

【生存环境】生于山坡林下，以及山沟土质肥沃、阴湿地上。

【经济价值】全草入药，主治风寒、头痛、牙痛、风湿痹痛、痰饮咳喘等。

叶正面

叶背面

株丛

根

花背面

花正面

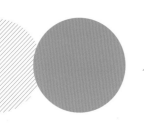

# 芍药科 Paeoniaceae

**科重点特征** 多年生草本或亚灌木。花大而美丽，单生枝顶或成束，萼5，宿存；花瓣5～10，雄蕊多数；心皮2～5，离生。蓇葖果。

花程式：$*K_5C_{5-10}A_\infty\underline{G}_{2-5:2-5}$

## 芍药属 Paeonia

### 草芍药 Paeonia obovata Maxim.

【关键特征】多年生草本。2回三出复叶，小叶倒卵形或椭圆形。花单生茎顶，花瓣6，粉红色；雄蕊多数；心皮2～4。蓇葖果卵圆形或长圆形。

【生存环境】生于山坡杂木林下。

【经济价值】花美丽，具观赏价值。根可入药，主治痛经、闭经、血热吐衄、痈疡肿痛、跌打损伤。全株可提炼植物性杀虫剂。

植株　叶正面　叶背面　茎　成熟时果皮反卷，种子蓝黑色、近球形　蓇葖果　根

# 猕猴桃科 Actinidiaceae

| 科重点特征 | 藤本，单叶互生；花两性或雌雄异株，辐射对称；5基数；雄蕊多数；子房上位，中轴胎座；浆果。 |
|---|---|

花程式：$*K_5C_5A_{10-\infty}\underline{G}_{(3-\infty;3-\infty;\infty)}$

## 猕猴桃属 Actinidia

## 软枣猕猴桃 Actinidia arguta ( Siebold & Zucc. ) Planch.ex Miq.

【关键特征】木质大藤本。小枝具白色或浅褐色片状髓。叶互生，厚、稍革质。腋生聚伞花序，花瓣5，白色；花药暗紫色；子房瓶状；萼片花后脱落。浆果球形至长圆形，光滑无斑点，顶端钝圆，有喙。

【生存环境】生于阔叶林或针阔混交林中。

【经济价值】可作为观赏树种，又可作为果树。果营养价值高。花可提芳香油，也是蜜源。果入药，有强身、解热之功效，也可作收敛剂。

植株

叶正面

叶背面

雌花序

花背面，示萼片5

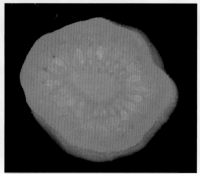

子房横切，示中轴胎座，胚珠多数

果实

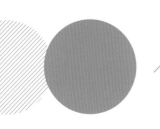

# 藤黄科 Guttiferae

**科重点特征** 乔木或灌木，常单叶对生，常有透明或暗色腺点；花常单性，整齐，4～5基数，雄蕊多数；子房上位，1至多室，每室1至多数胚珠；果常为蒴果状；有时为浆果或核果。

花程式：$*K_{4-5}C_{4-5}A_{\infty}\underline{G}_{(1-\infty)}$

## 金丝桃属 Hypericum

### 长柱金丝桃 Hypericum longistylum Oliv.

【关键特征】多年生草本。茎直立，具4条棱线。单叶对生，无柄。花黄色，大型，花柱与子房近等长，花柱自中部分裂。柱头、心皮、雄蕊束均为5。蒴果圆锥形。种子圆柱形，长约1.3mm，淡棕褐色，有明显的龙骨状突起和细蜂窝纹。

【生存环境】生于山坡林缘及草丛、向阳山坡及河岸湿地。

【经济价值】为优良的宿根花卉。蒴果入药，具清热解毒、散结消肿之功效。

植株

叶正面

叶背面

茎具4条棱线

花正面，示花瓣5

花背面，示萼片5

雌蕊和雄蕊

果实圆锥形

# 罂粟科 Papaveraceae

| 科重点特征 | 多为草本，植物体有乳白色或黄色汁液。叶互生，无托叶。花辐射对称；萼早落；雄蕊多数，离生；子房上位，1室；侧膜胎座。蒴果。 |
| --- | --- |

花程式：$*K_2C_{4-6}A_{\infty,4,6}\underline{G}_{(2-\infty:1)}$

## 分属检索表

1.植物体含乳汁；雄蕊多数，分离；花冠辐射对称；萼大，蕾时包被花蕾。
  2.花1~3朵生于茎上部；柱头2裂；叶羽状全裂，裂片边缘具锯齿 ·········荷青花属 *Hylomecon*
  2.花3朵以上，伞形聚伞花序；柱头不明显2裂；叶羽状分裂，裂片为不整齐裂，边缘无锯齿 ······························
·····································白屈菜属 *Chelidonium*
1.植物体常不含乳汁；雄蕊6枚，合成2束；花冠两侧对称；萼小，蕾时不包被花蕾；外侧1花瓣基部有距或囊状
······························ 紫堇属 *Corydalis*

## 荷青花属 *Hylomecon*

## 荷青花 *Hylomecon japonica*（Thunb.）Prantl & Kündig

【关键特征】多年生草本，含黄色乳汁。叶片羽状全裂，边缘具不规则重锯齿。花大，径3~4cm，1~3朵生于茎顶端叶腋。花瓣4枚，鲜黄色，雄蕊多数。蒴果长角状；种子卵形，长约1.5mm。

【生存环境】生于多阴的山地灌丛、林下、溪沟湿地。

【经济价值】根茎可入药，具祛风湿、止血、活络散瘀等功效。

植株

根

叶正面

花

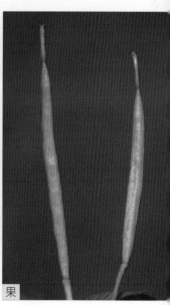

果

## 白屈菜属 *Chelidonium*

# 白屈菜 *Chelidonium majus* L.

【关键特征】多年生草本，含橘黄色乳汁。茎直立，多分枝，具白色细长柔毛。叶互生，1～2回奇数羽状分裂。聚伞花序；萼片2，早落；花瓣4，黄色；雄蕊多数，分离。蒴果长角形；种子卵形，长约1mm，暗褐色，具光泽及蜂窝状小格。

【生存环境】生于山谷湿润地、水沟边、住宅附近。

【经济价值】全草入药，性凉、味苦、有小毒。

种子

植株

叶正面、背面局部放大，示具毛

长角形蒴果

花，花蕾示萼片

花侧面观，示花萼早落

# 紫堇属 *Corydalis*

## 分种检索表

1. 果实串珠状，叶羽状分裂 ·················································································· 黄堇 *C.pallida*
1. 果实不为串珠状；叶三出或二回三出分裂 ·······················································小黄紫堇 *C.raddeana*

## 小黄紫堇 *Corydalis raddeana* Regel

【关键特征】一年生或二年生草本，无球状块茎。叶三出或二回三出分裂，小裂片全缘。总状花序顶生或腋生。花唇形，黄色，有距；雄蕊束长7～8mm；子房狭椭圆形，长4～5mm，具1列胚珠，花柱细。蒴果线形或狭倒披针形。种子黑色，有光泽。

【生存环境】生于林内石砬子旁、杂木林下、溪流两旁。

【经济价值】可用于观赏。

茎，示棱脊突出

根

花序

植株　果实

## 黄堇 *Corydalis pallida*（Thunb.）Pers.

【关键特征】二年生草本。叶片2～3回羽状全裂，背面有白粉。总状花序顶生或腋生，花黄色；上花瓣的冠檐显著长于下花瓣，距粗短，末端膨大。雄蕊束披针形；子房线形，柱头具横向伸出的2臂。蒴果稍下垂，线形，串珠状；种子扁球形，黑色。

【生存环境】生于林间空地、坡地、河滩石砾地及铁路两旁沙质地。

【经济价值】全草有毒，可入药，具清热解毒、杀虫之功效。

植株

叶正面

叶背面

花序

蒴果线形，串珠状

# 十字花科 Cruciferae

**科重点特征**　多草本，常具辛辣汁液。总状花序，花两性，整齐；十字花冠，4强雄蕊；子房1室。角果，具假隔膜。

花程式：$*K_{2+2}C_{2+2}A_{2+4}\underline{G}_{(2:1)}$

## 分属检索表

1.果实为长角果。
　2.子叶背倚；花淡紫色或紫红色 ·········································· 花旗杆属 *Dontostemon*
　2.子叶缘倚。
　　3.花黄色 ··················································································· 蔊菜属 *Rorippa*
　　3.花白色，淡黄色、淡紫色或红紫色。
　　　4.全株无毛或有单毛；果瓣无中脉 ··································· 碎米荠属 *Cardamine*
　　　4.全株被星状毛、分枝毛或单毛；果瓣有中脉 ················· 南芥属 *Arabis*
1.果实为短角果。
　　　5.子叶背倚。
　　　　6.短角果圆形、卵形或椭圆形，每室有1粒种子 ············· 独行菜属 *Lepidium*
　　　　6.短角果倒三角形，每室有多数种子 ·························· 荠属 *Capsella*
　　　5.子叶缘倚 ·············································································· 菥蓂属 *Thlaspi*

## 碎米荠属 *Cardamine*

白花碎米荠 *Cardamine leucantha*（Tausch）O.E.Schulz

【关键特征】多年生草本。地下根状茎短，匍匐枝白色，细长、横走。叶为奇数羽状复叶，具长柄，常为5小叶。总状花序顶生或腋生，排列呈圆锥状，花瓣白色。长角果，种子长圆形，栗褐色。

【生存环境】生于林下、林缘、灌丛下、湿草地、溪流附近及林区路旁等处。

【经济价值】根状茎可治气管炎；全草及根状茎能清热解毒、化痰止咳。

植株  叶背面

叶正面

花序

果序  长角果

种子

## 蔊菜属 *Rorippa*

### 分种检索表

1. 叶大头羽状深裂；花瓣与萼片近等长······································································风花菜 *R.globosa*

1. 叶片羽状深裂；花瓣比萼片长约 1/3······································································辽东蔊菜 *R.liaotungensis*

## 辽东蔊菜 *Rorippa liaotungensis* X.D.Cui & Y.L.Chang

【关键特征】多年生草本。茎中下部叶有长柄，叶羽状深裂，叶片成狭翼下延，基部加宽呈耳状；茎上部叶线形。总状花序顶生及侧生，花黄色，花瓣长度超萼片 1/3 左右。长角果长圆形。

【生存环境】生于湿地。

叶正面　叶背面　株丛

根　花序　单株　成熟开裂的长角果

种子

# 风花菜 *Rorippa globosa*（Turcz.ex Fisch.& C.A.Mey.）Hayek

【关键特征】一年或二年生草本。叶大头羽裂或不裂，基部抱茎。总状花序顶生；花淡黄色，直径1mm，花萼与花瓣近等长。长角果长圆形。

【生存环境】生于湿地或河岸。

【经济价值】可入药，清热利尿、解毒、消肿。可作饲草。

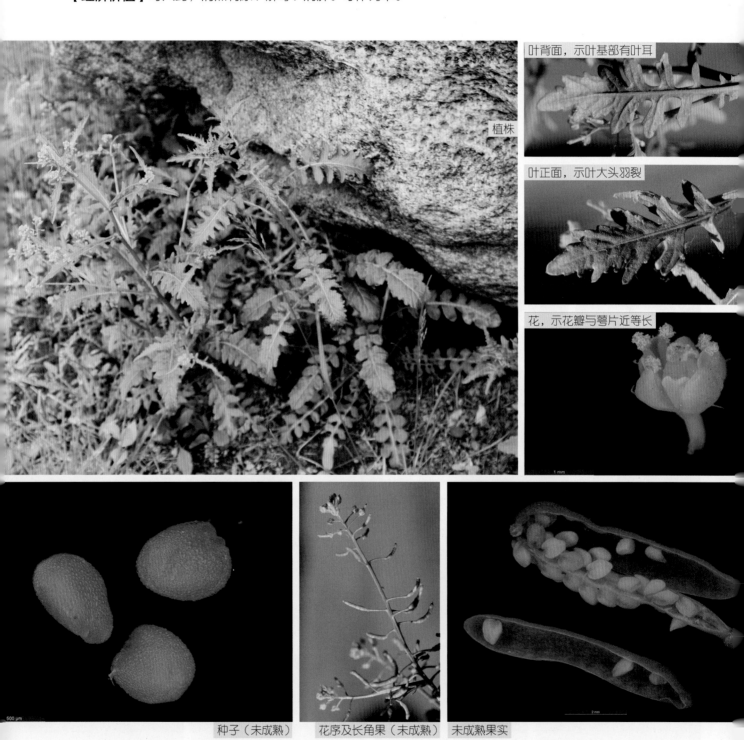

植株

叶背面，示叶基部有叶耳

叶正面，示叶大头羽裂

花，示花瓣与萼片近等长

种子（未成熟）　花序及长角果（未成熟）　未成熟果实

## 独行菜属 *Lepidium*

**独行菜** *Lepidium apetalum* Willd.

【关键特征】一年生或二年生草本，茎直立。基生叶莲座状。茎有棍棒状短柔毛或头状腺毛。茎生叶无柄。总状花序顶生，通常无花瓣，雄蕊2或4。短角果卵形或椭圆形，扁平，先端微缺。种子椭圆形，棕红色，平滑。

【生存环境】路旁、沟边、草地、耕地旁、庭园等处。

【经济价值】全草可入药。种子具清热止血、泻肺平喘、行水消肿等功效。地上部分水煎液浓缩物用于肠炎、腹泻及细菌性痢疾。

植株　基生叶

茎生叶　果序，示短角果

花　短角果开裂，示隔膜　种子

# 菥蓂属 *Thlaspi*

## 菥蓂 *Thlaspi arvense* L.

【关键特征】一年生草本。茎直立，有棱。茎生叶无柄，长圆形或长圆状披针形，基部箭形或心形，抱茎。总状花序顶生或腋生，花小，白色。短角果近圆形或广椭圆形，先端有狭窄的凹缺，边缘有宽翅；种子倒卵形，稍扁平，黄褐色。

【生存环境】生于草地、路旁、沟边、村庄附近。

【经济价值】可作为园林绿化材料。全草及种子可入药。全草具清热解毒等功效；种子利肝明目。嫩苗可食用。

花

植株

果序

茎与叶

开裂短角果及种子

5 mm

# 花旗杆属 *Dontostemon*

**花旗杆** *Dontostemon dentatus*（Bunge）C. A. Mey. ex Ledeb.

【**关键特征**】植株被单毛；茎直立。茎下部叶有柄，上部叶无柄，叶长圆状披针形或长圆形，边缘有牙齿；花瓣紫色或淡紫色。长角果线形，无毛；种子棕色，长椭圆形。

【**生存环境**】生于山坡路旁、林缘、石质地、草地。

【**经济价值**】观花植物，蜜源植物。可用于花坛、花镜及假山的绿化。种子可榨油。

叶正面

叶背面

花侧面，示花萼

植株

花序正面

果序（示长角果）

花序侧面

根

雄蕊及雌蕊，示长雄蕊花丝成对合生

# 荠属 *Capsella*

【关键特征】一年或二年生草本。茎直立。基生叶呈莲座状，羽状分裂。茎生叶互生，无柄，长圆形或披针形，基部箭形，抱茎。总状花序，花瓣倒卵形，白色，长2～3mm。短角果倒三角状心形。种子长椭圆形，长约1mm，浅褐色。

【生存环境】生于草地、田边、路旁、耕地等。

【经济价值】药食两用，具有和脾、利水、止血、明目的功效。

植株

基生叶与根　总状花序，示短角果、果期花梗伸长　茎生叶正、反面

成熟果实解剖，示其开裂方式、假隔膜及种子　花序顶面观　花　未成熟果实及种子

## 南芥属 *Arabis*

### 分种检索表

1. 长角果向下弯曲而下垂；萼片有分歧毛 ································· 垂果南芥 *A.pendula*
1. 长角果扁平、直立紧贴主轴；茎生叶基部微心形，抱茎 ················· 毛南芥 *A.hirsuta*

## 垂果南芥 *Arabis pendula* L.

【关键特征】多年生草本。茎直立，密被或疏被星状毛并混有单毛。茎生叶无柄，狭椭圆形、长圆状卵形或广披针形，基部半抱茎。总状花序顶生和上部叶腋生，花瓣白色。长角果扁平、下垂。种子边缘有狭翅。

【生存环境】生于沙丘、山坡、草地、路旁、草甸、林下、河岸等处。

【经济价值】果实入药，具清热解毒、消肿等功效。

花

花侧面　根

叶背面　茎被星状毛　果序　植株

## 毛南芥 *Arabis hirsuta*（L.）Scop.

【关键特征】草本。茎直立，密被分歧毛和混生单毛。基生叶具短柄，长圆形或匙形，全缘；茎生叶无柄，卵状长圆形或广披针形，基部微心形或心形，抱茎。总状花序顶生。长角果线形，直立，紧贴于果轴，扁平，无毛；种子1行排列，淡褐色，圆形，扁平，具狭翅。

【生存环境】生于河岸砾质湿草地、水甸子、林内、山坡、山谷、地旁。

叶，示叶无柄、基部微心形、抱茎

根及基生叶

茎、叶放大，示密被毛

花

角果具假隔膜，示未成熟种子

果序，示角果直立，紧贴于果轴

注：以上图片除花以外均拍摄自采集并压制过的一株标本，颜色和形态与生活植株存在一定差异。

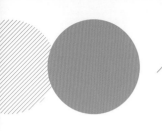

# 景天科 Crassulaceae

> **科重点特征** 草本，茎、叶常肉质；花整齐，两性，5基数；花部分离，雄蕊为花瓣的2倍；心皮分离；蓇葖果。

花程式：$*K_5C_5A_{5,10}\underline{G}_5$

## 分属检索表

1. 心皮有柄或基部渐狭，全部分离，直立；花序外形呈半圆球形至圆锥形，花序伞房状 …… 八宝属 *Hylotelephium*

1. 心皮无柄，基部不为渐狭，常基部合生，心皮先端反曲；花排成顶生的聚伞花序常偏生于分枝之一侧 …………………………………………………………………………………………………………景天属 *Sedum*

## 景天属 *Sedum*

### 费菜 *Sedum aizoon* L.

【关键特征】多年生草本。根状茎短粗。茎直立。叶无柄，互生。聚伞花序顶生，花较多，无梗或近无梗。蓇葖果，呈星芒状排列。种子椭圆形，长约1mm。

【生存环境】生于多石质山坡、灌丛间、草甸子及沙岗上。

【经济价值】可用于城市绿化。全草和根可入药，有止血、安神、化瘀之功效。

植株

花序

花

果序（果实未成熟）

成熟开裂蓇葖果

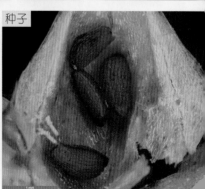
种子

# 八宝属 *Hylotelephium*

## 白八宝 *Hylotelephium pallescens*（Freyn）H.Ohba

【关键特征】多年生草本。茎直立，常不分枝。叶倒披针形至长圆状披针形，近无柄，互生。聚伞花序顶生，半球形，花瓣5，白色至粉红色。蓇葖果；种子狭长圆形，长1～1.2mm，褐色。

【生存环境】生于林下、山坡草地、河边石砾滩及湿草地。

【经济价值】可供观赏。

植株

叶背面

根

花序

# 虎耳草科 Saxifragaceae

**科重点特征** 叶常互生。花4～5基数，辐射对称。蒴果。

花程式：$*K_{4-5}C_{4-5}A_{4-5+4-5}\underline{G}_{(2-5)}$

## 分属检索表

1.草本；单叶；花瓣5，雄蕊10 ················································· 虎耳草属Saxifraga
1.木本。
　2.叶对生；花瓣4；雄蕊20～40；蒴果 ······················ 山梅花属Philadelphus
　2.叶互生；花瓣5；雄蕊5；浆果 ································· 茶藨子属Ribes

## 虎耳草属 Saxifraga

## 镜叶虎耳草 Saxifraga fortunei Hook. f. var. koraiensis Nakai

【关键特征】多年生草本。单叶基生，肾形至近心形。多歧聚伞花序圆锥状，具多花；花瓣白色至淡红色，5枚，其中3枚较短，另2枚较长。蒴果弯垂，2果瓣叉开。

【生存环境】生于林下或溪边岩隙。

【经济价值】可观赏。

叶　花　植株

## 山梅花属 *Philadelphus*

太平花 *Philadelphus pekinensis* Rupr.

【关键特征】灌木。枝条对生。叶对生，卵形、广卵形或椭圆状卵形。总状花序具5～7朵花，花轴与花梗无毛，萼筒钟状；花瓣4，白色，雄蕊多数，花柱上部4裂。蒴果球状倒圆锥形，宿存萼裂片近顶生；种子长3～4mm，具短尾。

【生存环境】生于山坡阔叶林中。

【经济价值】优良的观赏花木。

叶正面

植株　叶背面

雄蕊　　叶缘疏生乳突状齿　　花　果序（成熟与未成熟果实）

子房4室　萼片4、内面有毛，雌蕊上部四裂　　蒴果　种子

## 茶藨子属 *Ribes*

**东北茶藨子** *Ribes mandshuricum*（Maxim.）Kom.

【关键特征】灌木。小枝褐色，有光泽，剥裂。叶片掌状3裂或5裂，基部心形。总状花序；花两性，5数；花瓣小，绿色。浆果球形，红色；种子多数，较大，圆形。

【生存环境】生于阔叶林或针阔叶混交林下。

【经济价值】植株可用于园林绿化，果实可食用，味酸，也可制作饮料及酿酒。

叶正面　叶背面　小枝褐色　花序　植株　果实

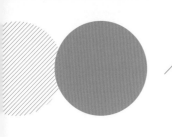

# 蔷薇科 Rosaceae

**科重点特征**　叶互生，常有托叶。花两性，辐射对称；花托平、凸或凹陷；花5基数，轮状排列；雄蕊多数，花被与雄蕊常结合成花筒；蓇葖果、核果、梨果或瘦果。

花程式：$*K_5C_5A_{5-\infty}\underline{G}_{1-\infty},\overline{\underline{G}}_{2-5},\overline{\underline{G}}_{(2-5)}$

## 亚科检索表

1. 果实为开裂的蓇葖果或蒴果，常由1～5（12）心皮组成；通常无托叶 ·················· 绣线菊亚科 Spiraeoideae
1. 果实不开裂；叶具托叶。
  2. 灌木或草本；枝通常有皮刺，稀无刺；羽状复叶；心皮多数；瘦果 ·················· 蔷薇亚科 Rosoideae
  2. 乔木或灌木；枝通常无刺，稀有枝刺；单叶；心皮定数；梨果或核果。
    3. 子房下位或半下位，心皮2～5，与花托结合；梨果 ·················· 苹果亚科 Maloideae
    3. 子房上位，心皮1，与花托离生；核果 ·················· 李亚科 Prunoideae

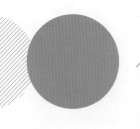

# 绣线菊亚科 Spiraeoideae

**亚科重点特征**　灌木，稀草本。单叶稀复叶，叶片全缘或有锯齿，常不具托叶，或稀具托叶。心皮1～5（～12），离生或基部合生；子房上位，具2至多数悬垂的胚珠。果实成熟时多为开裂的蓇葖果，稀蒴果。

花程式：$*K_5C_5A_{5-\infty}\underline{G}_{1-5}$

## 绣线菊亚科分属检索表

1. 单叶，无托叶；心皮离生 ·················· 绣线菊属 *Spiraea*
1. 羽状复叶，有托叶；心皮基部合生 ·················· 珍珠梅属 *Sorbaria*

# 绣线菊属 *Spiraea*

## 分种检索表

1. 花序为具总梗的伞形或伞房花序，基部常具叶片 ⋯⋯⋯⋯⋯⋯⋯⋯⋯⋯⋯⋯⋯土庄绣线菊 *S.pubescens*

1. 花序为无总梗的伞形花序；基部簇生数枚小叶 ⋯⋯⋯⋯⋯⋯⋯⋯⋯⋯⋯⋯⋯珍珠绣线菊 *S.thunbergii*

## 珍珠绣线菊 *Spiraea thunbergii* Siebold ex Blume

【关键特征】灌木。枝条细长开展，常呈弧状弯曲，有条棱。叶片线状披针形，长2.5 ～ 4cm、宽3 ～ 7mm，基部狭楔形，边缘自中部以上有尖锐齿，背面无毛。花序由上年生枝的侧芽发生，为无总梗的伞形花序，花白色，雄蕊18 ～ 20，长约为花的1/3或更短；花柱几与雄蕊等长。蓇葖果。

【生存环境】喜光耐寒。喜生于湿润、排水良好的土壤。

【经济价值】园林绿化优良植物。

植株　花序

花　蕾期花序，示基部簇生数枚小叶　花蕾解剖，示离生心皮和雄蕊

蓇葖果无毛　沿腹缝线开裂的成熟蓇葖果　果枝

小枝红褐色，叶中部以上叶缘具锐锯齿

# 土庄绣线菊 *Spiraea pubescens* Turcz.

【关键特征】灌木。叶片菱状卵形至椭圆形，先端急尖，基部楔形，边缘自中部以上有深锯齿，背面有短柔毛。伞形花序具总梗，无毛；花瓣白色，卵形或半圆形，先端圆钝或微凹，长与宽几乎相等；雄蕊25～30，约与花瓣等长；花柱短于雄蕊。蓇葖果。

【生存环境】生于向阳多石山坡灌丛中及林间空地。

【经济价值】园林造景优良植物。茎髓入药，用于治疗水肿。

花序

植株

叶正面　叶背面

果序，示具总梗

## 珍珠梅属 *Sorbaria*

# 珍珠梅 *Sorbaria sorbifolia*（L.）A.Br.var.*sorbifolia*

【**关键特征**】灌木。奇数羽状复叶，小叶7～17枚，披针形至卵状披针形，边缘有尖锐重锯齿，两面无毛或近无毛，羽状脉。顶生圆锥花序大，花白色；雄蕊40～50，长为花瓣的1.5～2倍。蓇葖果长圆形，具顶生弯曲的花柱。

【**生存环境**】生于山坡疏林、山脚、溪流沿岸。

【**经济价值**】观赏性强，是优良的园林绿化植物。

叶正面　叶背面　株丛　小叶背面放大　花序　花　花背面，示萼片反折　雌蕊　蓇葖果具顶生弯曲的花柱　果序

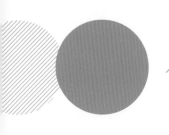

# 蔷薇亚科 Rosoideae

| 亚科重点特征 | 灌木或草本，复叶稀单叶，有托叶；心皮常多数，离生，各有1～2悬垂或直立的胚珠；子房上位，稀下位；果实成熟时为瘦果，稀小核果，着生在花托上或在膨大肉质的花托内。 |
|---|---|

花程式：$*K_5C_5A_\infty\underline{G}_\infty$

## 蔷薇亚科分属检索表

1.瘦果或小核果生于扁平、凸起或微凹的花托上。

  2.灌木；单叶或复叶；花有副萼，花瓣白色至红色；茎通常有刺·····················悬钩子属 Rubus

  2.多年生草本；复叶。

    3.花柱侧生或基生，通常脱落。

      4.果熟时花托肉质；叶基生，三出复叶；花瓣白色·····················草莓属 Fragaria

      4.果熟时花托干燥。

        5.三出、羽状或掌状复叶，基生或茎生·····················委陵菜属 Potentilla

        5.三出复叶基生；副萼片比萼片大，先端3裂·····················蛇莓属 Duchesnea

    3.花柱顶生，宿存，呈钩状弯曲；羽状复叶·····················路边青属 Geum

1.瘦果生于坛状、杯状或管状花托内。

  6.灌木，枝常具刺；心皮多数；花托成熟时肉质，有光泽·····················蔷薇属 Rosa

  6.多年生草本；心皮1～2；花托成熟时干燥坚硬。

    7.总状花序；花有副萼和花瓣，花瓣黄色；花托上有钩刺，心皮2·····················龙牙草属 Agrimonia

    7.穗状花序或头状花序；花无副萼和花瓣，花萼紫色或白色，心皮1·····················地榆属 Sanguisorba

## 悬钩子属 Rubus

 牛叠肚 *Rubus crataegifolius* Bunge

【关键特征】落叶灌木。茎直立，具直立针状皮刺。单叶，边缘常为3～5掌状浅裂至中裂。花白色；雌蕊、雄蕊多数。聚合果近球形，暗红色，无毛。

【生存环境】生于山坡灌丛、林缘及林中荒地。

【经济价值】果酸甜，可生食，也可制果酱或酿酒。果和根可入药，具补肝肾、祛风湿之功效。全株含单宁，可提取栲胶。茎皮含纤维，可作造纸及制纤维板的原料。

花

叶背面

植株

叶柄正面具沟槽、叶柄具刺

未成熟果实

成熟聚合果及花托

## 草莓属 *Fragaria*

草莓 *Fragaria × ananassa*（Weston）Duchesne

【**关键特征**】多年生草本。叶羽状3小叶。聚伞花序，花白色，有副萼；雄蕊20枚，不等长；雌蕊极多。聚合果红色或淡红色，花托肉质。

【**生存环境**】栽培。

【**经济价值**】营养价值高，含有多种营养物质，且有保健功效，被誉为"水果皇后"。

叶背面

肉质胎座上的瘦果

植株

花萼，示副萼片与萼片近等长

花，示雌蕊和雄蕊

雌蕊及膨大的花托

幼嫩果实

果期植株

瘦果

## 蛇莓属 *Duchesnea*

# 蛇莓 *Duchesnea indica*（Andrews）Focke

【关键特征】多年生草本。茎匍匐，节处生不定根。三出复叶，小叶卵圆形或卵状菱形。花单生于叶腋，两性；花瓣黄色，萼片5，副萼3～5齿裂；雄蕊20～30；心皮多数，离生；花托果期增大，海绵质，果熟时干燥，红色。瘦果小，近圆形。

【生存环境】生于山坡草地。

【经济价值】全草可供药用，有清热解毒、活血散瘀、收敛止血作用，能治毒蛇咬伤、敷治疗疮等，还能用于杀灭蝇蛆。

株丛

花单生叶腋

果实，示副萼3～5齿裂

副萼

匍匐茎，示节部生不定根

膨大花托及瘦果

## 委陵菜属 *Potentilla*

## 分种检索表

1.花单生；三出复叶 ································································································ 蛇莓委陵菜 *P. centigrana*

1.花多数，形成聚伞花序。

  2.掌状复叶，小叶5 ························································································· 蛇含委陵菜 *P. kleiniana*

  2.三出复叶或羽状复叶。

    3.三出复叶；小叶卵状披针形；茎生叶发达 ·································· 狼牙委陵菜 *P. cryptotaeniae*

    3.羽状复叶。

      5.顶生3小叶发达，侧生小叶不发达，小叶两面均为绿色 ·············· 莓叶委陵菜 *P. fragarioides*

      5.顶生小叶与侧生小叶等大或侧生小叶较小。

        6.小叶背面密被灰白色绒毛，小叶裂片先端尖；聚伞花序 ············ 委陵菜 *P.chinensis*

        6.小叶两面均为绿色；花单生叶腋 ·············································· 朝天委陵菜 *P.supina*

## 蛇莓委陵菜 *Potentilla centigrana* Maxim.

【关键特征】多年生草本。茎细弱，半卧生或斜升，节处常生根。三出复叶，两面均为绿色，托叶大。花单生于叶腋，花直径0.4～0.8cm，花瓣黄色。瘦果倒卵形。

【生存环境】生于林下、草甸、路旁湿地、河边、村旁等处。

【经济价值】茎匍匐而发达，耐荫、耐旱、耐贫瘠，是一种优良地被植物。

株丛    叶正面

叶背面，示匍匐茎生根    花正面    花背面，示萼片长圆状卵形、副萼片披针形

东北常见植物图谱 Atlas of common plants in Northeast China

# 蛇含委陵菜 *Potentilla kleiniana* Wight & Arn.

【关键特征】多年生草本，茎斜升或平卧，柔弱。掌状复叶，小叶3～5。聚伞花序，花瓣黄色。瘦果近圆形，直径约0.5mm，具皱纹。

【生存环境】生于草甸、河边及林边湿地。

【经济价值】全草可入药，具清热解毒、止咳化痰及活血等功效。

根

植株，示平卧茎　叶正面

叶背面　花序

花托及萼片

# 狼牙委陵菜 *Potentilla cryptotaeniae* Maxim.

【关键特征】多年生草本。茎粗壮、直立，通常单一，光滑无毛。三出复叶，小叶卵状披针形；茎生叶发达。聚伞花序生于茎顶；花黄色，径 1 ~ 1.2cm。瘦果卵圆形、光滑。

【生存环境】生于草甸、山坡草地、林缘湿地、林缘路旁及水沟边。

【经济价值】带根全草入药，活血止血、解毒敛疮。

植株

花期植株　根　茎与叶背面

聚伞花序生于茎顶　花　花背面，示萼片和副萼

# 莓叶委陵菜 *Potentilla fragarioides* L.

【关键特征】多年生草本，全株被开展的长柔毛。羽状复叶，顶生三小叶大。聚伞花序；花径1～1.5cm，花瓣黄色。瘦果近肾形。

【生存环境】生于湿地、山坡、路旁、林下及草甸。

【经济价值】根和根茎入药，具有补阴虚、止血的功效。

花

萼片披针形、副萼片狭披针形

植株

托叶　叶片　小叶背面，示叶轴具毛　离生雌蕊，示花托具毛

【关键特征】多年生草本。茎直立，密被灰白色绵毛。奇数羽状复叶，叶柄及托叶均密被长绵毛，小叶8～11对，小叶羽状深裂，裂片披针状三角形或近三角形。聚伞花序开展；花多数，径约1cm；花瓣黄色，倒卵形或倒心形，先端圆形或微缺。瘦果卵圆形，深褐色，有明显皱纹。

【生存环境】生于山坡、林边、荒地、路旁及沙质地。

【经济价值】全草入药，能清热解毒、止血、止痢。嫩苗可食。根含鞣质，可提制栲胶。

叶正面

叶背面

植株

根　聚伞花序，示茎被白毛　花

## 朝天委陵菜 *Potentilla supina* L.

【关键特征】一年生草本。茎多头，平卧、斜升或近直立。羽状复叶，小叶7 ~ 9，较大，长0.7 ~ 1.2cm、宽0.5 ~ 0.8cm，小叶两面均为绿色。花单生叶腋，花瓣黄色。瘦果长圆形，先端尖，表面具脉纹。

【生存环境】生于荒地、路旁、村边、河边及林缘湿地。

【经济价值】可食用。药用，具清热解毒、凉血、止痢等功效。

植株

叶正面　叶背面　根　花茎，示花单生叶腋　花

花萼及副萼　未成熟果放大　果纵切，示花托及瘦果

# 蔷薇属 *Rosa*

## 分种检索表

1.花单生，稀几朵集生，无苞片，花瓣黄色；茎下部无针刺；小叶锯齿较钝，背面幼时被柔毛；蔷薇果近球形 ……………………………………………………………………………………………… 黄刺玫 *R. xanthina*

1.花数朵集生，成伞房花序状；花粉红色；小叶背面具白霜和腺体；蔷薇果纺锤形、倒卵状椭圆形至卵状长椭圆形 ………………………………………………………………………………………… 刺玫蔷薇 *R. davurica*

## 黄刺玫 *Rosa xanthina* Lindl.

【关键特征】落叶灌木。小枝褐紫色，皮刺基部扁平，稍宽大。奇数羽状复叶，小叶 7 ~ 13；托叶大部分与叶柄合生，边缘有腺齿或全缘。花单生于短枝顶端，花瓣重瓣，黄色；花柱离生，微露出花托口外，密被绒毛。蔷薇果近球形或倒卵圆形，红褐色，宿存萼片反折。

【生存环境】喜光，稍耐阴，耐寒力强。对土壤要求不严，耐干旱和瘠薄。

【经济价值】观赏价值高。果实可制果酱。花可提取芳香油。花、果入药，有理气活血之功效。

果期植株 | 枝、叶与皮刺 | 小叶正面
小叶背面 | 托叶具腺齿 | 花蕾

花期植株

花蕾纵切，示雌雄蕊

心皮多数，密被绒毛

花

蔷薇果球形，示果期萼片宿存、反折

蔷薇果纵切

瘦果

【关键特征】落叶灌木。茎直立，皮刺通常成对生于小枝基部。老枝具或疏或密的皮刺。奇数羽状复叶，互生，小叶片长椭圆形或长卵状椭圆形，边缘近中部以上具细锯齿，背面密被腺点和柔毛，有白霜，叶脉较显著；托叶大部分与叶柄合生，边缘具腺体。花单生或2～3朵集生，粉红色至深粉红色，花柱微露出花托口外。蔷薇果球形、扁球形或卵球形，红色，具宿存直立萼片；果梗光滑或有腺毛。

【生存环境】生于山坡、山脚及路旁灌丛中。

【经济价值】株丛枝条密生，耐瘠薄土地，可用于防风固沙。果实营养丰富，可食。种子可榨玫瑰精油，花可提取芳香油。花瓣可做糖果、糕点、蜜饯的香型原料，也可酿制玫瑰酒等。

植株　叶正面　叶背面

托叶，示边缘具腺体　皮刺成对生于小枝基部　花　花柱微露出花托口外

未成熟的蔷薇果，果梗有腺毛　成熟果实，宿存萼片直立　肉质萼筒内的瘦果

## 龙芽草属 *Agrimonia*

### 龙芽草 *Agrimonia pilosa* Ledeb.

【**关键特征**】多年生草本，全株被白色长毛及腺毛。茎直立，叶为间断的羽状复叶，托叶大。小叶无柄，菱形或长圆状菱形。总状花序，花瓣黄色。瘦果生于杯状或倒卵状圆锥形花托内，先端有直立的倒钩刺。

【**生存环境**】生于山坡草地、路旁、草甸、林下、林缘及山下河边等地。

【**经济价值**】可入药，具有止血、健胃、滑肠、止痢、杀虫的功效。

花萼三角卵形，苞片 3 深裂、花序轴有毛

果序

花期植株

茎被毛

托叶

总状花序

叶正面

叶背面

根

花，示花柱 2

成熟果实，示花托先端具倒钩刺

瘦果包藏在萼筒内，种子 1

## 地榆属 *Sanguisorba*

### 地榆 *Sanguisorba officinalis* L.

【关键特征】多年生草本。根较粗壮，纺锤状。茎直立，单一。奇数羽状复叶，小叶卵形、长圆状卵形或长圆形。穗状花序数个生于茎顶，头状或短圆柱状；花两性；萼片紫色或暗紫色。瘦果倒卵状长圆形。

【生存环境】生于干山坡、柞林缘、草甸及灌丛间。

【经济价值】嫩苗、嫩茎叶或花穗可食，具有黄瓜清香。可入药，有凉血止血、清热解毒、养阴、消肿敛疮等功效，根可用于治疗烧伤烫伤。

植株

叶正面

叶背面

托叶　根

花序

# 路边青属 *Geum*

## 路边青 *Geum aleppicum* Jacq.

【关键特征】多年生草本，全株被长刚毛及腺毛，羽状复叶，茎生叶小，顶生小叶大。托叶大，边缘有不规则粗大锯齿。伞状花序；萼片披针形，副萼片狭小、线形，比萼片短1倍多；花瓣黄色；心皮多数，生于突起的花托上、呈头状；花柱先端呈钩状，宿存。聚合果倒卵球形，瘦果密被黄褐色毛，花柱宿存部分无毛。

【生存环境】生于山坡、草地、沟边等处。

【经济价值】全株含鞣质，可提栲胶。全草入药，有祛风、除湿、止痛、镇痉之效。种子含油，可用于制肥皂和油漆。鲜嫩叶可以食用。

植株　基生叶正面　　　　基生叶背面　　　　茎生叶及托叶

根　花　　　　花侧面及花梗　　　　花柱于果期伸长、宿存

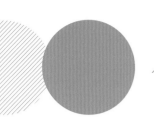

# 李亚科 Prunoideae

| 亚科重点特征 | 乔木或灌木，有时具刺；单叶，有托叶；花单生，伞形或总状花序；花瓣常为白色或粉红色，稀缺；雄蕊10至多数；心皮1，稀2～5，子房上位，1室，内含2悬垂胚珠；果实为核果，含1（稀2）种子，外果皮和中果皮肉质，内果皮骨质，成熟时多不裂开或极稀裂开。 |
|---|---|

花程式：$*K_5C_5A_{5-\infty}\underline{G}_1$

## 分属检索表

1.幼叶多为席卷式，少数为对折式；果实有沟，外面被毛或被蜡粉。

  2.侧芽3，两侧为花芽，具顶芽；花1～2，常无柄，稀有柄；子房和果实常被短柔毛，极稀光滑；叶片在芽中为对折式；花先叶开放 ·················································桃属Amygdalus

  2.侧芽单生，顶芽缺；花单生或2～3朵簇生，花有柄；子房和果实均光滑无毛，常被蜡粉；叶片在芽中对折或席卷；花叶同开 ·····································································李属Prunus

1.幼叶常为对折式，果实无沟，不被蜡粉。

  3.花单生或数朵着生在短总状或伞房状花序 ···················································樱属Cerasus

  3.花10至多朵着生在总状花序上，苞片小型 ·················································稠李属Padus

## 桃属 Amygdalus

### 榆叶梅 Amygdalus triloba（Lindl.）Ricker

【关键特征】落叶灌木。叶片倒卵状圆形、菱状倒卵形至三角状倒卵形，有时3裂，边缘具粗重锯齿，表面近无毛。花单生或2朵并生，花瓣粉红色，雄蕊比花瓣短。果实近球形，红色，外被短柔毛；果肉薄，成熟时开裂；核近球形，具厚硬壳，表面具不整齐的网纹。

【生存环境】生于山地阳坡。

【经济价值】观赏植物。种仁可入药。

叶背面

托叶线形

花侧面，示萼筒广钟状

花正面

植株

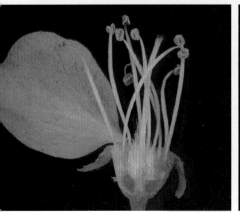

子房密被毛

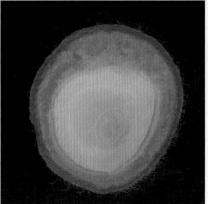

子房横切，示1室

成熟果实红色，外被短柔毛

# 李属 *Prunus*

## 分种检索表

1. 花3朵簇生；叶片绿色，披针形至倒卵状披针形 ················································· 李 *P. salicina*

1. 花单生或2朵并生；叶片红紫色，卵状椭圆形 ······························· 紫叶李 *P.cerasifera* f. *atropurpurea*

## 李 *Prunus salicina* Lindl.

【关键特征】落叶小乔木，小枝稍有光泽。叶片长圆状倒卵形或倒披针形，边缘具细钝重锯齿，叶柄具腺体。花2～4朵簇生，萼筒钟状；花瓣白色，雄蕊约与花瓣等长。果实卵球形至球形，果肉多汁，果核微具皱纹。

【生存环境】本种适应性较强，对土壤要求不严格，生长迅速。

【经济价值】果实可食用。药用具有补中益气、养阴生津、润肠通便的功效。

叶背面

春季花期植株　叶正面

夏季植株　秋季植株

树干　花正面，示 2 ～ 4 朵簇生

叶柄具腺体

果实

花侧面，示花蕾　雌蕊和雄蕊　幼果横切，示子房 1 室

【关键特征】落叶灌木或小乔木。叶柄无腺体，叶两面均为紫红色、边缘具细锐重锯齿。花粉红色，几乎与叶同时开放。果近球形，暗红色。

【生存环境】栽培。喜阳光、温暖湿润气候，有一定的抗旱能力。对土壤适应性强，较耐水湿。以沙砾土为好，黏质土亦能生长。

【经济价值】紫叶李整个生长季节都为紫红色，是园林绿化常用植物材料。果实可食。

小枝及叶背面　植株

树干　果实　小枝及叶正面

花枝　花　花萼

## 樱属 *Cerasus*

# 毛樱桃 *Cerasus tomentosa*（Thunb.）Wall.ex T.T.Yu & C.L.Li

【**关键特征**】落叶灌木。托叶常丝状全裂，裂片边缘有不规则细齿。叶表面有皱纹和柔毛，背面密被黄白色绒毛。花单生或2朵并生，先于叶或与叶同时开放；花梗短；萼筒管状，长4～5mm；花瓣淡粉红色至白色，雄蕊短于花瓣，花柱与雄蕊近等长。果实球形，直径约1cm，暗红色。

【**生存环境**】生于山坡灌丛中。

【**经济价值**】果实可食用及酿酒；种仁含油率达43%左右，可制肥皂及润滑油用。种仁入药，商品名大李仁，有润肠利水之效。

叶正面　植株

托叶常丝状全裂，裂片边缘有不规则细齿　叶背面被毛　芽三个并生，中间为叶芽、两侧为花芽；萼筒管状

花　雌蕊1枚，子房上位，被柔毛　未成熟果实横切　成熟果实球形，直径约1cm，表面光滑或被短柔毛

此为毛樱桃的芽变品种。

【关键特征】树体矮小，树冠半圆形。树干灰褐色，表皮微翘，1年生枝灰褐色，有绒毛。叶片褶皱，椭圆形，锯齿钝，略厚于普通毛樱桃，颜色较普通毛樱桃深，叶面积略大于普通毛樱桃。以短果枝结果为主。果实白色，晶莹剔透，近圆形，略大于普通毛樱桃，果肉硬而脆，味甘甜。

【生存环境】同毛樱桃。

【经济价值】同毛樱桃。

果实

植株

## 稠李属 *Padus*

### 分种检索表

1.叶紫色，叶背面有白粉 ······························································· 紫叶稠李 *P. virginiana* 'Canada Red'
1.叶绿色，叶背面无白粉。
  2.叶片背面无褐色腺点；花序基部具数枚叶片；雄蕊长约为花瓣之半；树皮灰黑色 ·············· 稠李 *P. racemosa*
  2.叶片背面散生褐色腺点；花序基部通常无叶片；雄蕊与花瓣近等长；树皮黄褐色 ············ 斑叶稠李 *P. maackii*

## 稠李 *Padus racemosa*（Lam.）Gilib.

【关键特征】落叶乔木或小乔木。树皮灰黑色或暗褐色；小枝紫褐色或暗灰褐色。叶片椭圆形、倒卵形或椭圆状倒卵形，边缘有锐锯齿，近叶柄基部具2腺体。总状花序，下垂，花序基部具数枚叶片。花瓣白色，雄蕊长约为花瓣之半，雌蕊1，花柱比长雄蕊短近1倍。核果近球形，黑色，表面有光泽。

【生存环境】生于山中溪流沿岸及沟谷地带。

【经济价值】优良园林绿化植物。果实酸甜，可食用，还可制成果汁、果酱等。叶入药，具止咳化痰、驱虫的作用。种子含油量高，可作工业用油。

花期植株

叶正面

叶反面

树干　叶背面脉腋有毛

花序　叶柄基部腺体

花，示雄蕊长约为花瓣之半　萼筒杯状，萼裂片边缘有细齿　雌蕊与雄蕊，示子房无毛

果核有明显皱纹　未成熟果实　成熟果实

斑叶稠李 *Padus maackii*（Rupr.）Kom.

【关键特征】落叶乔木或小乔木，树皮黄褐色，片状剥落，有光泽。叶片椭圆形、短圆状卵形或倒卵状椭圆形，散生褐色腺点，边缘具细锐重锯齿；叶柄近叶片基部具1～2腺体。总状花序，花瓣白色，雄蕊多数，约与花瓣等长或稍短；雌蕊和雄蕊近等长。核果卵球形，成熟时黑色或褐黑色。

【生存环境】生于林中溪流旁、林缘。

【经济价值】树姿优美，树皮亮黄，观赏价值高。木材可供小器具、家具、杠子等用材。叶、花、果、根、皮、种仁均可药用。

叶正面，示叶基部有腺体

叶背面有腺点　植株，示树皮黄褐色、有光泽

花序　花

花萼及花萼筒，示雄蕊约与花瓣等长

雌蕊，示花柱具毛　未成熟果实

成熟果实

紫叶稠李 *Padus virginiana* 'Canada Red'

【关键特征】落叶乔木。单叶互生，生长季叶为紫红色，叶背有白粉。总状花序，花白色。核果成熟时紫红色或紫黑色、光亮。

【生存环境】喜光。若在半荫的生长环境下，叶子很少转为紫红色。

【经济价值】彩叶树种，观赏性强，在园林绿化中具较高应用价值。

植株　叶柄具腺体　叶正面，叶背面有白粉　叶缘具尖锯齿

树干　花序初期直立　未成熟果实　成熟果实

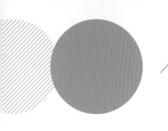

# 苹果亚科 Maloideae

| 亚科重点特征 | 灌木或乔木，单叶或复叶，有托叶；心皮（1～）2～5，多数与杯状花托内壁连合；子房下位、半下位，稀上位，（1～）2～5室，各具2（稀1）至多数直立的胚珠；果实成熟时为肉质的梨果，稀浆果状或小核果状。 |
|---|---|

花程式：$*K_5C_5A_{5-\infty}\overline{G}_{(2-5:2-5)}$

## 分属检索表

1. 心皮成熟时变为坚硬骨质小核状，小核1～5枚 ·························· 山楂属 *Crataegus*
1. 心皮成熟时变为革质或纸质，梨果1～5室。
  2. 花柱离生；果实具多数石细胞 ························ 梨属 *Pyrus*
  2. 花柱基部合生；果实无石细胞 ······················ 苹果属 *Malus*

# 山楂属 *Crataegus*

## 山楂 *Crataegus pinnatifida* Bunge

【关键特征】落叶乔木。单叶，通常3～5羽状深裂，侧脉有的达裂片先端，有的达裂片分裂处。伞房花序，花期总花梗和花梗均被或密或疏柔毛，花白色；雄蕊20，短于花瓣，花药粉红色；花柱3～5。果径1～1.5cm，近球形，红色，有浅色斑点。

【生存环境】生于山坡林缘及灌丛中。

【经济价值】果可食，消积食、散瘀血、驱绦虫。

树干

叶正面

叶背面脉腋簇生毛

花

植株

种子 | 成熟果实

未成熟果实

5 mm

2 mm

# 梨属 *Pyrus*

## 秋子梨 *Pyrus ussuriensis* Maxim.

【关键特征】乔木。叶片卵形至广卵形，基部圆形或浅心形，边缘具刺芒状细锐锯齿。花序密集，有花5～7朵；萼裂片边缘有腺齿，花瓣白色，雄蕊20，短于花瓣，花药紫色；花柱5，离生。果实近球形，萼片宿存。

【生存环境】生于山坡林缘或林中。本种抗寒性强，适于在寒冷、干旱地区栽培。

【经济价值】树形优美，花洁白雅致，可用作园林绿化植物。果可食，也可做果酱、果酒等。实生苗可做各种栽培品种梨的抗寒砧木。木材坚硬细致，可做家具、文具及雕刻用。果实入药，主治肺热咳嗽等。

叶

花序

叶缘锯齿放大

花萼

植株

树干

子房下位，花柱离生

果实，示萼片宿存

## 苹果属 *Malus*

### 山荆子 *Malus baccata*（L.）Borkh.

【**关键特征**】乔木。叶片椭圆形、广椭圆形或卵形，边缘有细锐锯齿或微钝锯齿。伞形花序，具花4～6朵，无总梗。花瓣倒卵形，白色；雄蕊15～20，长约为花瓣之半；花柱5或4。果实近球形，径0.8～1cm，红色或黄红色，萼片脱落。

【**生存环境**】喜光树种，稍耐阴，常生于林内或林缘有阳光处。

【**经济价值**】庭园观赏树，也是很好的蜜源植物。木材用于印刻雕版、细木工、工具把等。嫩叶可代茶。入药，止泻痢。

植株　叶

花序（蕾期）

花蕾解剖，示雌蕊、雄蕊

花，示雄蕊长度为花瓣之半　　未成熟果实横切，示子房5室　　成熟果实　种子

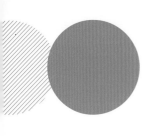

# 豆科 Leguminosae

**科重点特征** 草本或木本。叶互生，羽状复叶或掌状复叶。萼片5，合生；花瓣5，左右对称或辐射对称；雄蕊多数或10，常2体。荚果。

花程式：$* \uparrow K_{(5),5} C_5 A_{(9)+1,10,\infty} G_{1:1:1-\infty}$

## 分亚科检索表

1.花冠不为蝶形，最上面一花瓣在最里面，各瓣形相似；雄蕊通常分离 ····················云实亚科 Caesalpinioideae

1.花冠蝶形，各花瓣极不相似，最上面一瓣（旗瓣）在最外面，其他四瓣成对生的2对（仅紫穗槐属各瓣退化，只有一旗瓣）；雄蕊通常合生成两体或单体······················蝶形花亚科 Papilionoideae

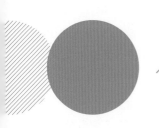

# 蝶形花亚科 Papilionoideae Taub.

**亚科重点特征** 木本或草本。羽状或三出复叶。花两侧对称，花冠蝶形；旗瓣最大，位于外方，龙骨瓣最小，位于内方；雄蕊10，2体雄蕊。荚果。

花程式：$* \uparrow K_{(5)} C_5 A_{(9)+1,5+5} G_{1:1}$

## 分属检索表

1.雄蕊10枚，分离或仅基部合生 ······························ 马鞍树属 Maackia

1.雄蕊10枚，合生成单体或两体，除紫穗槐属外，一般具显著的雄蕊管。

 2.荚果如含有种子2粒以上时，不在种子间裂为节荚，通常2瓣裂或不开裂。

  3.叶通常为3枚小叶所构成的复叶。

   4.小叶边缘通常有锯齿；托叶常与叶柄相连合；子房基部无鞘状花盘。

    5.叶为具3小叶的羽状复叶；花瓣的爪不与雄蕊筒相连，花脱落。

     6.荚果卷曲成马蹄形、环形或螺旋形，稀为镰形或肾形，含1至数粒种子·········· 苜蓿属 Medicago

     6.荚果直，小而膨胀，卵球形或近球形，稀为长圆形，含1~2粒种子·········· 草木犀属 Melilotus

    5.叶为具3小叶的掌状复叶，稀为5~7小叶；花瓣的爪与雄蕊筒相连，花枯后不脱落；荚果小，几乎完全包于萼内 ················ 车轴草属 Trifolium

   4.小叶全缘或具裂片；托叶不与叶柄相连合；子房基部常有鞘状花盘包围。

6.花常为总状花序，其花轴于花的着生处常凸出为节，或隆起如瘤；花柱上部具须毛，龙骨瓣先端卷曲半圈至数圈·····································菜豆属 *Phaseolus*

6.花有时单生或簇生，但通常为总状花序，其花轴无节与瘤；花柱光滑无毛。

　　7.花分为有花瓣与无花瓣两种类型，其无花瓣的闭锁花常伸入地下结实另形成小球状的荚果，子房基部有明显鞘状腺体构成的花盘·····································两型豆属 *Amphicarpaea*

　　7.花同为一种类型；花盘存在，但不发达，环状；荚果一型，皆为地上结实·········· 大豆属 *Glycine*

3.叶通常为4至多数小叶所构成的复叶。

　　8.叶为偶数羽状复叶。

　　　　9.花柱圆柱形，在其上部四周被长柔毛或顶端具一束髯毛；雄蕊筒顶端倾斜····· 野豌豆属 *Vicia*

　　　　9.花柱扁，在其上部里面被长柔毛，如刷状；雄蕊筒顶端截形或近截形·····山黧豆属 *Lathyrus*

　　8.叶为奇数羽状复叶。

　　　　10.植株具贴生的丁字毛；药隔顶端具腺体或延伸成小毫毛·····················木蓝属 *Indigofera*

　　　　10.植株不具贴生的丁字毛，药隔顶端不具任何附属体。

　　　　　　11.叶具腺点；荚果通常含1粒种子而不裂开；花仅有旗瓣 ············· 紫穗槐属 *Amorpha*

　　　　　　11.叶不具腺点；荚果通常含种子2粒至多数；花通常为具5花瓣的蝶形花。

　　　　　　　　12.荚果扁平，呈带状长圆形·····································刺槐属 *Robinia*

　　　　　　　　12.荚果膨大或为圆筒形·····································黄耆属 *Astragalus*

2.荚果含种子2粒以上时，在种子间横裂或紧缩为2至数节，各荚节含1粒种子而不裂开，或有时节荚退化而仅具1节1粒种子。

　　　　　　13.萼具细长的花梗状萼管；花后子房因雌蕊柄延长而伸入地下结实 ·····················································落花生属 *Arachis*

　　　　　　13.萼不具细长的花梗状萼管；花后子房不伸入地下结实。

　　　　　　　　14.荚果具数节，稀为1节，各节荚的边缘一侧较短而直，另一侧边缘较长而弯曲，呈弓形 ·····································山蚂蝗属 *Desmodium*

　　　　　　　　14.荚果仅具1节或1至数节，各节荚的两侧边缘略均等。

　　　　　　　　　　15.花梗无关节；每苞片腋内生2花；每花有2小苞片；雄蕊管宿存而与荚果贴生 ·····································胡枝子属 *Lespedeza*

　　　　　　　　　　15.花梗有关节；每苞片腋内有1花，每花有3~4小苞片；雄蕊管于果时脱落 ·····································鸡眼草属 *Kummerowia*

## 马鞍树属 *Maackia*

### 朝鲜槐 *Maackia amurensis* Rupr.

【关键特征】落叶乔木。奇数羽状复叶，小叶片椭圆形、椭圆状卵形或倒卵形。总状或复总状花序顶生，花密；花萼钟状，5浅齿，被黄褐色柔毛；花冠白色。荚果扁平，线状长圆形。

【生存环境】多生于湿润肥沃的阔叶林内、林缘及溪流附近，亦见于山坡。

【经济价值】蜜源植物。木材多应用于高档家具与装饰用材等。树皮可做鞣料。种子可榨工业用油。药用，心材可作治疗、预防动脉粥样硬化的制剂。叶和枝皮治疗肝病和胆囊炎。

幼树　老树树干

叶正面　小叶背面

花　荚果

## 苜蓿属 *Medicago*

## 紫苜蓿 *Medicago sativa* L.

【关键特征】多年生草本。茎直立，多分枝。3出复叶，小叶长圆状倒卵形、倒卵形或倒披针形。短总状花序腋生，萼齿狭披针形，花冠蓝紫色或紫色。荚果成螺旋状卷曲。

【生存环境】生于路旁、田边、沟旁及空地。

【经济价值】优质饲料。

植株　叶正面　茎及托叶
叶背面　短总状花序　花序　花不同侧面
花解剖　二体雄蕊　花萼和雌蕊　果实

## 草木犀属 *Melilotus*

草木犀 *Melilotus officinalis*（L.）Pall.

【关键特征】一年生或二年生草本。茎直立，多分枝。3出复叶，小叶边缘具疏锯齿，托叶基部两侧不齿裂。总状花序，花黄色。荚果小，球形或卵形，一般具1粒种子。

【生存环境】生于河岸较湿草地、林缘、路旁、沙质地、田野等处。

【经济价值】为常见的牧草，也是改良草地、建立山地草场的良好资源。地上部分入药，用于暑湿胸闷、头痛头昏、恶心泛呕等。

株丛

叶正面

叶背面及托叶

花

果序

荚果内只有1粒种子

花序

## 白花草木犀 *Melilotus albus* Desr.

【关键特征】一年生或二年生草本，全株有香草气味，茎直立。羽状三出复叶，小叶边缘具疏锯齿，托叶基部两侧不齿裂。总状花序，花白色。荚果通常含1粒种子，种子卵形，棕色，表面具细瘤点。

【生存环境】生长在田边、路旁荒地及湿润的沙地。

【经济价值】重要栽培牧草。全草入药，清热解毒、化湿杀虫、截疟、止痢。

叶正面

叶背面

植株

花序　果序　茎

## 车轴草属 *Trifolium*

### 红车轴草 *Trifolium pratense* L.

【关键特征】多年生草本。茎直立或上升。三出复叶，表面有白斑。花多数，无柄，密集于茎顶，成球状或卵状，花冠紫红色。荚果小，通常含1粒扁圆种子。

【生存环境】栽培或半自生于林缘、路旁、草地等湿润处。

【经济价值】重要栽培豆科牧草、地被草坪植物，也是蜜源植物。可入药。

株丛

花，其萼齿中1齿长，超出其他齿1倍

叶正面

托叶

茎有毛

蕾期，示托叶

## 木蓝属 *Indigofera*

### 花木蓝 *Indigofera kirilowii* Maxim. ex Palib.

【关键特征】小灌木。奇数羽状复叶互生，小叶7～11，小叶片卵形、卵状椭圆形或近圆形，先端圆形，具小刺尖。总状花序腋生，比叶短，花冠粉红色。荚果圆柱形，种子赤褐色，长圆形。

【生存环境】生于向阳山坡、山脚或岩隙间，有时生于灌丛或疏林内。

【经济价值】良好园林绿化植物。可入药，清热解毒、消肿止痛、通便；外用治痔疮肿痛、蛇虫咬伤。

小叶正面，示小托叶钻形

花

叶

叶背面

花序，示花背面

荚果

雌、雄蕊，示花药有毛

种子赤褐色，长圆形

植株

## 紫穗槐属 *Amorpha*

紫穗槐 *Amorpha fruticosa* L.

【关键特征】灌木。奇数羽状复叶，小叶11～25，卵状长圆形或长圆形，先端圆或微凹，具小刺尖，全缘。总状花序，花小，花冠只有旗瓣，暗紫色。荚果短，只含1粒种子。

【生存环境】该种喜干冷气候，耐寒耐旱，可生长在路边及山坡。

【经济价值】蜜源植物。可用作水土保持和工业区绿化植物，也常作防护林带的植物用。果实可提炼芳香油。枝叶可作饲料。

植株　叶　叶背面具柔毛、具腺点

嫩枝密被短柔毛　花序　花

花仅有旗瓣，雄蕊10、下部合生成鞘　成熟荚果，示顶端具小尖、表面有凸起的疣状腺点　果序（荚果未成熟）

刺槐 *Robinia pseudoacacia* L.

【关键特征】落叶乔木。树皮灰黑褐色，纵裂；枝具托叶性针刺。奇数羽状复叶。总状花序腋生，花冠白色，芳香，旗瓣近圆形，雄蕊二体；子房线形　荚果扁平，种子褐色至黑褐色，微具光泽。

【生存环境】喜湿润肥沃土地。

【经济价值】抗逆性强，可作为行道树、庭荫树、工矿区绿化及荒山荒地绿化的先锋树种。木材坚硬、耐腐蚀。花可食用，也是优良蜜源植物。在食品工业上，槐豆胶常与其他食用胶复配用作增稠剂、持水剂、黏合剂及胶凝剂等。

植株　托叶性针刺

花序　花，示花萼合生　花柱弯成直角、雄蕊二体

树干　荚果扁平　叶

# 黄耆属 *Astragalus*

## 达乌里黄耆 *Astragalus dahuricus*（Pall.）DC.

【关键特征】一年生或二年生草本，植株被毛。茎直立。奇数羽状复叶，具5～9（11）对小叶。总状花序腋生，通常超出叶，花紫红色。荚果线形，呈镰刀状弯曲或直立；种子淡褐色或褐色，肾形，长约1mm，有斑点，平滑。

【生存环境】生于向阳山坡、河岸砂砾地及草地、草甸、路旁等处。

【经济价值】全株可作饲料。

花序

小叶背面生白伏毛

花，示龙骨瓣比翼瓣长，翼瓣狭窄

植株

叶　果实

## 山蚂蝗属 *Desmodium*

### 羽叶山蚂蝗 *Desmodium oldhamii*（Oliv.）Y. C. Yang & P. H. Huang

【关键特征】多年生草本。叶为奇数羽状复叶，具5～7小叶，通常下部2小叶较小。圆锥花序顶生；花冠紫红色；雄蕊10枚，几乎合生成单体。荚果扁，2节，各荚节成斜三角状或半倒卵形。

【生存环境】生于杂木林下、山坡、灌丛及多石砾地。

【经济价值】全草入药，具有疏风清热、解毒之功效。

叶背面

植株

花

根　果实

# 落花生属 *Arachis*

## 落花生 *Arachis hypogaea* L.

【关键特征】一年生草本。偶数羽状复叶，具2对小叶。花黄色或金黄色，于叶腋单生或少数簇生。花后伸入地下结实，荚果长圆形，膨胀，果皮厚，具明显网纹，种子间通常缢缩。

【生存环境】农田栽培。

【经济价值】花生营养价值高，有助于延年益寿，民间又称其为"长生果"。它是重要的油料作物。

植株

叶

花背面，示上部萼片合生

花正面，示下方1萼裂片细长

托叶

# 胡枝子属 *Lespedeza*

## 分属检索表

1. 有闭锁花；花序梗粗壮，通常不超出叶；萼齿披针形或三角形，长不及花冠之半；小叶披针形，先端稍尖··········
·················································································尖叶铁扫帚 *L. juncea*

1. 无闭锁花；总状花序比叶长，常构成大型疏生的圆锥花序······································胡枝子 *L. bicolor*

## 尖叶铁扫帚 *Lespedeza juncea*（L.f.）Pers.

【关键特征】小灌木，全株被伏毛，分枝呈扫帚状。总状花序腋生，有长梗，稍超出叶，花冠白色或淡黄色，旗瓣基部带紫斑，龙骨瓣先端带紫色，闭锁花簇生于叶腋，近无梗。荚果广卵形，稍超出萼。

【生存环境】生于山坡灌丛间。

【经济价值】枝叶可作绿肥和饲料。入药，止泻利尿、止血。

叶

花序

植株

花，示萼片长度不及花冠的一半

枝叶及闭锁花

# 胡枝子 *Lespedeza bicolor* Turcz.

【**关键特征**】灌木。三出复叶。总状花序腋生，花冠红紫色，常呈大型较疏松的圆锥花序，无闭锁花。荚果歪倒卵形，稍扁，长约10mm，宽约5mm，表面具网纹，密被短柔毛。

【**生存环境**】耐干旱，生于山坡、林缘、路旁、灌丛及杂木林间。

【**经济价值**】优质青饲料。优良水土保持植物。根、花入药，有清热理气和止血的功能。

植株

花序

幼枝及托叶

叶

花

荚果和种子

## 鸡眼草属 *Kummerowia*

【**关键特征**】一年生草本，掌状复叶，具3小叶，小叶先端微凹或近截形。花冠淡红紫色。荚果椭圆形，稍侧扁、两面凸。

【**生存环境**】生于路边稍湿草地、砂砾质地、山坡、固定或半固定沙丘、河岸草地等处。

【**经济价值**】全草入药，能清热解毒、健脾利湿。亦可作饲料及绿肥。

植株

花

叶正面　叶背面　果实

野豌豆属 *Vicia*

## 分种检索表

1. 叶轴末端具卷须。
　2. 小叶椭圆形、长圆形、卵形或长卵形，宽6～25（35）mm（仅山野豌豆的变种除外）。
　　3. 小叶卵形或椭圆形，先端锐尖、渐尖或钝，长30～60（100）mm、宽13～25（35）mm，侧脉不达到叶缘，在末端互相连合成波状或牙齿状 ·················· 大叶野豌豆 *V.pseudorobus*
　　3. 小叶椭圆形至长圆形，先端圆形或微凹，长13～35（40）mm、宽6～12（18）mm，侧脉末端通常达到叶缘，不连合成波状、牙齿状或极不明显 ·················· 山野豌豆 *V.amoena*
　2. 小叶较狭，披针形、近长圆形、长圆状线形或线形，宽2～4（6）mm；旗瓣中部深缢缩成提琴形 ········
　　·················· 广布野豌豆 *V.cracca*
1. 叶轴末端为刺状；小叶1对 ·················· 歪头菜 *V.unijuga*

大叶野豌豆 *Vicia pseudorobus* Fisch.& C.A.Mey.

【关键特征】多年生攀援性草本。偶数羽状复叶，具3～5对小叶，茎上部叶常具1～2对小叶，叶轴末端具卷须，小叶卵形或椭圆形，先端稍锐尖、渐尖或钝，侧脉稀疏，与主脉夹角在60°以下，不达叶缘，在末端联合成波状或牙齿状，托叶半箭头形。总状花序腋生，花冠紫色或蓝紫色。荚果长圆形，扁平或稍扁，先端斜楔形。

【生存环境】生于林缘、灌丛和路旁等处。

【经济价值】家畜喜食。药用，清热解毒；外用用于风湿、毒疮。

叶正面（顶端为卷须）

植株

荚果

托叶

花序

小叶，示其侧脉不达叶缘、在末端联合

叶背面

【关键特征】多年生草本。偶数羽状复叶，具4～6（7）对小叶，叶轴末端具分歧的卷须，小叶椭圆形，先端圆形或微凹，具小刺尖。总状花序腋生，通常超出叶，具10～20朵花，花红紫色、蓝紫色或蓝色。荚果长圆状菱形，种皮革质，深褐色，具花斑。

【生存环境】生于山坡、灌丛、林缘、稍湿至干燥的草地等处。

【经济价值】优良牧草。民间药用，有去湿、清热解毒之效。

株丛

叶正面

叶背面

托叶

花序

花序侧面

荚果

## 广布野豌豆 *Vicia cracca* L.

【关键特征】多年生攀援性草本。茎有棱。偶数羽状复叶，小叶较狭，披针形、近长圆形或线形，先端锐尖或圆形，具小刺尖，全缘；托叶为半箭头形或戟形，全缘，有时狭细如线状。总状花序，花瓣紫色或蓝紫色，旗瓣中部呈提琴形。荚果长圆状菱形或长圆形，稍膨胀或扁压。

【生存环境】生于草甸、山坡、灌丛、林缘或草地等处。

【经济价值】水土保持绿肥作物。嫩时为牲畜喜食，花期为蜜源植物。全草入药。

株丛

托叶

叶正面

小叶背面 | 茎

花序 | 荚果

【关键特征】多年生草本。茎通常直立。偶数羽状复叶，具1对小叶；叶柄极短，叶轴末端成刺状。花序总状，腋生，花紫色，旗瓣倒卵形，中部缢缩。荚果扁，长圆状，两端楔形，种子扁圆球形，种皮黑褐色，革质。

【生存环境】生于林缘、林间草地、草甸、林下。

【经济价值】为优良牧草；可用作水土保持植物，亦为早春蜜源植物。嫩时可作蔬菜食用。全草可入药，具补虚、调肝、理气、止痛等功效。

叶正面　叶背面　托叶　根　植株　花序

山黧豆属 *Lathyrus*

## 大山黧豆 *Lathyrus davidii* Hance

【关键特征】多年生草本。偶数羽状复叶，具3~4（2~5）对小叶。茎上部叶的叶轴顶端通常具分歧的卷须，茎下部叶的叶轴顶端多为单一的卷须或为长刺状；托叶长2~7cm、宽8~30mm，半箭头形。总状花序腋生，花黄色。荚果线形，两面膨胀；种子褐色，近圆形。

【生存环境】生于林缘、疏林下灌丛、草坡或林间溪流附近。

【经济价值】种子入药，调经止痛，治肝气郁结、血海不通。

叶正面　植株

叶背面　托叶　茎下部叶（无卷须）

花萼、雌蕊和雄蕊

花序　荚果　种子（未成熟）

# 大豆属 *Glycine*

## 分种检索表

1.茎粗壮，直立，密生长硬毛；荚果较肥大，长3～5cm、宽8～12mm，种子大；栽培植物⋯⋯⋯⋯大豆*G.max*

1.茎缠绕或平卧；荚果小，长17～23mm、宽4（3）～7mm；种子小；野生植物⋯⋯⋯⋯⋯⋯⋯野大豆*G.soja*

## 大豆 *Glycine max* (L.) Merr.

【关键特征】一年生草本。茎粗壮，通常直立，具棱，密生长硬毛。羽状复叶具3小叶。短总状花序，腋生；花小，白色至淡红色。荚果密被长硬毛，长3～5cm、宽8～12mm，种子间缢缩。种子大，近球形。

【生存环境】农田栽培。

【经济价值】种子营养价值全面，是重要的油料作物，也有广泛的工业用途。

植株

小叶背面

花及茎

荚果与种子

# 野大豆 *Glycine soja* Sieb Zucc.

【关键特征】一年生草本。茎缠绕，细弱。羽状复叶，具3小叶，长3（2）～6cm、宽1.5～（1）～2.5（3.5）cm。短总状花序，腋生，花长约5mm，淡紫红色。荚果狭长圆形或近镰刀形，两侧稍扁，长17～23mm、宽4～5mm，密被毛，种子间缢缩；种子椭圆形，稍扁，褐色至黑色。

【生存环境】生于湿草地、河岸、湖边、沼泽附近或灌丛中，稀见于林下。

【经济价值】国家二级保护植物。具有许多优良性状，如耐盐碱、抗寒、抗病等，与大豆是近缘种，可作为培育优良大豆品种的物种资源。野大豆是家畜喜食的饲料。种子及根、茎、叶均可入药。

叶背面放大，示被毛

株丛　叶正面

花，示茎缠绕、被毛　荚果　种子

# 两型豆属 *Amphicarpaea*

## 两型豆 *Amphicarpaea edgeworthii* Benth.

【关键特征】一年生缠绕性草本。茎纤细，密被淡褐色倒生毛。三出复叶，小叶广卵形或菱状卵形。花异型；由地上茎生出的花为短总状，腋生，花冠淡紫色，另一种花为闭锁花，无花瓣，生于茎基部附近，伸入地中结实。荚果亦异型，茎上的完全花所结的荚果为线状长圆形或近长圆形，内含约3粒种子；由闭锁花伸入地下所结的荚果呈椭圆形，稍扁，如小球根状，内含1粒种子，黑褐色。

【生存环境】生于湿草地、林缘、疏林下、灌丛及溪流附近。

【经济价值】种子入药，可医治妇科病。

株丛

托叶，茎被倒生毛

叶正面　　　　叶背面　　根及地下荚果　　地上花序

# 菜豆属 *Phaseolus*

## 菜豆 *Phaseolus vulgaris* L.

【关键特征】一年生缠绕草本。羽状3小叶。总状花序腋生；蝶形花的龙骨瓣上端卷曲一圈或近两圈；子房线形，花柱及花丝随龙骨瓣卷曲。荚果带形，稍弯曲，膨胀或较扁，种子长椭圆形或肾形，白色、褐色、紫色或有花斑。

【生存环境】喜温暖，对土质的要求不严格，但适宜生长在土层深厚、排水良好、有机质丰富的中性壤土中。南北均可栽培。

【经济价值】是一种栽培十分广泛的农作物，常食可护发美容，促使机体排毒，令肌肤更加光滑细腻。尤其适合心脏病、动脉硬化以及高脂血症、低血钾症和忌盐患者食用；可提高人体自身的免疫能力。

植株

叶正面

叶背面

花　龙骨瓣及花丝卷曲

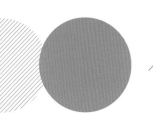

# 云实亚科 Caesalpinioideae

**亚科重点特征** 多木本，常偶数羽状复叶；花两侧对称，花冠假蝶形，向上覆瓦式，最上一片花瓣最小，位于内方，龙骨瓣最大，位于外方；雄蕊10，分离。荚果核果状或翅果状。

花程式： $\uparrow K_{(5)}C_5A_{10,5+5}\underline{G}_{1:1}$

## 决明属 *Cassia*

### 豆茶决明 *Cassia nomame*（Siebold）Kitag.

【关键特征】一年生草本。茎纤细。偶数羽状复叶，小叶8 ~ 28对，排列紧密。花小，黄色，腋生。荚果扁平，镰状，长3 ~ 4.5cm；种子扁，近菱形，平滑。

【生存环境】生于向阳草地、山坡、河边、荒地。

【经济价值】带果的地上部入药，煎服，主治水肿、肾炎、慢性便秘、咳嗽、痰多等症，并可驱虫与健胃，也可代茶用。

叶

花

根

荚果（未成熟）

植株

# 酢浆草科 Oxalidaceae

**科重点特征** 草本，有时灌木。指状复叶或羽状复叶，有时因小叶抑发而为单叶，有托叶或缺。花两性，辐射对称，单生或排成伞形，稀为总状花序或聚伞花序；花5基数；雌蕊由5枚合生心皮组成，子房上位，5室，每室有胚珠2颗，中轴胎座。蒴果或肉质的浆果。

花程式：$*K_5C_5A_{5+5}\underline{G}_{(5:5:2)}$

## 酢浆草属 *Oxalis*

## 酢浆草 *Oxalis corniculata* L.

【**关键特征**】草本，有地上茎，多分枝。叶互生，通常具3小叶，托叶小。花集生于花梗上，略呈聚伞花序，花瓣5，黄色；花柱5，离生，柱头头状；雄蕊10，5长5短。蒴果，种子红棕色，具横向网纹。

【**生存环境**】生于山坡草地、河谷沿岸、路边、田边、荒地或林下阴湿处等。

【**经济价值**】全草入药，可解热利尿、消肿散淤。牛羊食其过多可中毒致死。

植株

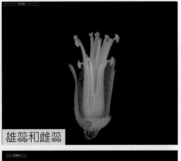

雄蕊和雌蕊

叶片

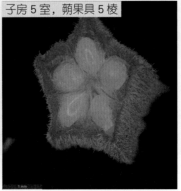

子房5室，蒴果具5棱

成熟种子褐色或红棕色，具横向肋状网纹

成熟蒴果

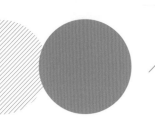

# 牻牛儿苗科 Geraniaceae

**科重点特征** 草本。花5基数。蒴果通常有长喙；室间开裂，有的果瓣成熟时由基部向上掀起。

花程式：$* ↑ K_{4-5} C_{4-5} A_{10-15} \underline{G}_{(3-5:1-2)}$

## 老鹳草属 Geranium

### 分种检索表

1. 花大，直径2～3cm ································································ 突节老鹳草 *G.krameri*

1. 花较小，直径不超过2cm。

  2. 叶片3深裂，茎下部叶5深裂 ················································ 老鹳草 *G.wilfordii*

  2. 叶掌状5～7深裂 ···················································· 鼠掌老鹳草 *G.sibiricum*

## 鼠掌老鹳草 *Geranium sibiricum* L.

【关键特征】多年生草本。具1主根。叶掌状5深裂，茎上部叶3深裂。花单生于叶腋，花径1～1.5cm，花瓣淡蔷薇色或近白色，长与萼片近相等，倒卵形。蒴果，顶部具喙，成熟时由下向上开裂，种子悬挂于花柱上，心皮宿存，喙反卷。种子具细网状隆起。

【生存环境】生于杂草地、住宅附近、河岸、林缘。

【经济价值】可作饲料。全草可入药。

植株，示茎伏卧

叶正面，示5深裂

叶背面

根

茎及托叶

花蕾，示花梗近中部具2披针形苞片

花

花正面放大

花侧面放大

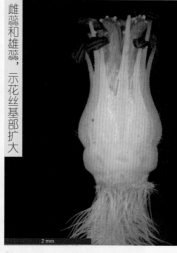

雌蕊和雄蕊，示花丝基部扩大

种子

开裂的果瓣常由基部向上反卷、顶部附着于中轴顶端

近成熟蒴果

老鹳草 *Geranium wilfordii* Maxim.

【**关键特征**】多年生草本，具长根。叶片3深裂，茎下部叶5深裂。花序腋生，具2花，花径0.5～1cm，花瓣淡红色或近白色，稍长于萼片，花丝基部突然扩大，扩大部分具缘毛。蒴果，种子黑褐色，具微细网状隆起。

【**生存环境**】生于林缘、灌丛或阔叶林中。

【**经济价值**】药用，治疗风湿病、活血通脉。

植株

花背面，示每1花梗具2花

花正面

心皮5，雄蕊10，花丝基部突然扩大

开裂的蒴果

# 突节老鹳草 *Geranium krameri* Franch.& Sav.

【关键特征】多年生草本。具多数粗根。茎直立，关节处略膨大。茎生叶掌状5～7深裂。花序顶生或腋生，具2朵花。花径2.5～3cm，花瓣淡红色或白色，具紫红色脉。蒴果长约2.5cm。种子具极细小点。

【生存环境】生于草甸、灌丛、岗地、路边等处。

叶背面

具多数粗根

植株　茎与节

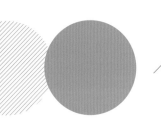

# 大戟科 Euphorbiaceae

**科重点特征** 常有乳状汁液。单叶互生，有托叶，基部常有腺体。单性花，花被常单层，萼状，子房上位，每室有胚珠 1～2 颗生于中轴胎座上。常蒴果。

花程式：$* ♂:K_{0-5}C_{0-5}A_{1-∞}$ $♀:K_{0-5}C_{0-5}\underline{G}_{(3:3:1-2)}$

## 分属检索表

1. 灌木，叶全缘；花雌雄异株，雄花多朵簇生 ·················································· 叶底珠属 *Securinega*

1. 草本，叶缘有锯齿；花单性同株，穗状花序 ·········································· 铁苋菜属 *Acalypha*

## 铁苋菜属 *Acalypha*

## 铁苋菜 *Acalypha australis* L.

【关键特征】一年生草本。茎直立，具棱。叶互生，卵状披针形、卵形或菱状卵形。花序腋生，雄花序在花序上部排成穗状，带紫红色；雌花生于花序下部，通常 3 花着生于对合的叶状苞片内，苞片开展时呈三角状肾形，合时如蚌。蒴果近球形，表面生有粗毛，毛基部常为小瘤状。种子近卵状，种皮平滑。

【生存环境】生于田间路旁、荒地、河岸砂砾地、山沟、山坡林下，为常见的田间杂草。

【经济价值】嫩叶可食。全草或地上部分入药，具有清热解毒、利湿消积、收敛止血的功效。

叶背面　叶正面　　　　　　雄花序

植株

雌花序

雌花

种子卵形、光滑

## 叶底珠属 *Securinega*

### 叶底珠 *Securinega suffruticosa*（Pall.）Baill.

【关键特征】灌木。叶互生，叶片椭圆形、长圆形或倒卵状椭圆形。雌雄异株。花小，萼片通常5；雄花3～18朵簇生，花梗长2～5.5mm，雄蕊5；雌花单生或2～3簇生，花梗长2～15mm，花柱3，分离或基部合生。蒴果三棱状扁球形，种子卵形，褐色而有小疣状凸起。

【生存环境】生于干山坡灌丛中及山坡向阳处。

【经济价值】具有良好的观赏价值。入药，可祛风活血、益肾强筋。

植株

叶正面

叶背面

雄花　果实

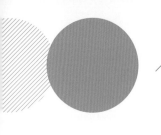

# 芸香科 Rutaceae

**科重点特征** 多木本，有发达的油腺，含芳香油。单生复叶或羽状复叶，叶上有透明的腺点。花两性或单性，4～5基数，辐射对称，子房上位，花盘发达。柑果、浆果、蓇葖果或核果。

花程式：$*K_{(4-5)}C_{4-5}A_{4-5,8-10}\underline{G}_{(4-5)}$

## 分属检索表

1.木本；花单性，雌雄异株，心皮合生；果实为翅果 ·················································· 黄檗属 *Phellodendron*
1.草本；花通常两性，心皮离生或部分合生；果实为开裂的蓇葖果 ························· 白鲜属 *Dictamnus*

## 黄檗属 *Phellodendron*

### 黄檗 *Phellodendron amurense* Rupr.

【关键特征】乔木，树皮有深沟裂，木栓层发达，柔软。奇数羽状复叶，小叶5～13，卵形或卵状披针形，对生。花单性，雌雄异株，聚伞状圆锥花序；花瓣5，黄绿色。浆果状核果，圆球形，成熟后黑色；种子半卵形，带黑色。

【生存环境】喜生于深厚、湿润、排水良好的土壤，常生于河岸、肥沃谷地或低山坡。幼树需庇荫，多生于疏林内。

【经济价值】可作为园林绿化观赏树种，也是良好的蜜源植物。树皮具有重要的工业价值和药用价值。叶可提取芳香油，果实可供工业用。树皮入药，具清热解毒、消炎等功效。由于过度采伐，很易陷入濒危状态，被列为国家二级保护植物。

枝叶，示叶对生

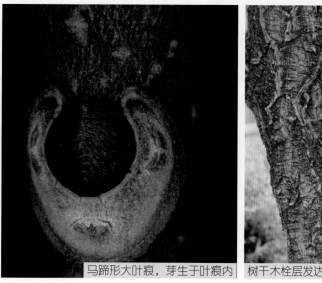

马蹄形大叶痕，芽生于叶痕内

树干木栓层发达

植株　叶正面

叶背面　雄花序一部分　雌花序一部分

雄花，示雌蕊有毛、花柱退化　雌花，示雄蕊退化　示子房5室

2 mm

果序（果实未成熟）　成熟果序　种子

## 白鲜属 *Dictamnus*

白鲜 *Dictamnus dasycarpus* Turcz.

【关键特征】多年生草本，有特殊气味。奇数羽状复叶通常密集于茎中部，表面密集油点，叶轴有狭窄的翼。总状花序顶生，萼片及花瓣均密生透明油点。花大，花瓣5，淡红色或紫红色，稀为白色，花瓣有明显的红紫色条纹；雄蕊10，伸出花被外。蒴果5室，种子黑色，近球形，光滑。

【生存环境】生于山坡、林下、林缘或草甸。

【经济价值】根皮入药，具清热解毒、祛风止痒等功效。花形美丽，可供园林绿化观赏用。

花期植株 | 叶正面

叶背面 | 花 | 果序

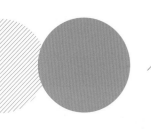

# 漆树科 Anacardiaceae

**科重点特征** 木本，有树脂或乳汁。叶互生，稀对生，单叶或羽状复叶。花单性或两性，辐射对称，圆锥花序或总状花序；萼3～5裂；花瓣3～5；花盘环状；子房上位，1～5室，每室有胚珠1颗。核果。

花程式：$*K_{(3-5)}C_{3-5}A_{5-15}\underline{G}_{(1-5:1-5:1)}$

## 盐肤木属 Rhus

## 火炬树 *Rhus typhina* Nutt

【关键特征】落叶小乔木，奇数羽状复叶，两面有绒毛。圆锥花序顶生，花杂性或单性异株，花淡绿色。果深红色，有密毛，果穗形同火炬。

【生存环境】栽培，能适应各种严酷的立地条件。

【经济价值】用于园林绿化、水土保持。繁殖能力超强，具有入侵物种的特性，所以在引种前要注意进行生态评估。

秋季植株

叶

树干

植株含乳汁

幼果

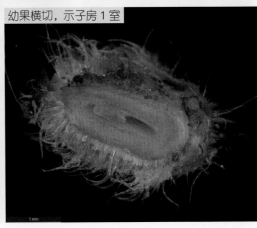
幼果横切，示子房1室

植株

花序

雄花，示雄蕊5

雌花，示花柱3

成熟果序

成熟果实外被深红色毛

核果

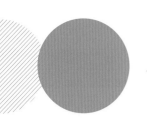

# 槭树科 Aceraceae

| 科重点特征 | 木本。叶对生，掌状分裂或羽状复叶。花辐射对称，两性或单性，花瓣及萼片5或4，整齐；雄蕊4～12，多为8个；子房上位，2室，花柱2裂。翅果或翅果状坚果。 |
|---|---|

花程式：$*K_{5-4}C_{5-4,0}A_{4-12}\underline{G}_{(2:2)}$

## 槭属 Acer

### 分种检索表

1.叶为单叶。

  2.叶掌状9～11裂，叶柄和花梗有毛；萼片紫色，花瓣白色或淡黄色；翅果紫色至紫黄色，开展成直角…………………………………………………………………………………… 紫花槭 *A. pseudo sieboldianum*

  2.叶掌状3～7裂。

    3.叶缘通常无锯齿，叶5裂，有时中央裂片或上部3裂片再分裂为3小裂片，基部近截形或有时下部2裂片向下开展，先端渐尖；翅与小坚果几乎等长…………………… 元宝槭 *A. truncatum*

    3.叶缘有锯齿。

      4.叶宽大，五角形，常3浅裂；幼枝绿色 ………………………………… 青楷槭 *A. tegmentosum*

      4.叶较小，卵状三角形，通常3裂，中央裂片最大，侧裂片位于下方；幼枝带紫红色 ……………………………………………………………………………………………… 茶条槭 *A. ginnala*

1.叶为复叶。

      5.小叶3～7；总状花序；栽培…………………………………………… 梣叶槭 *A. negundo*

      5.小叶3；伞房花序；野生 …………………………………………… 三花槭 *A. triflorum*

## 茶条槭 *Acer ginnala* Maxim.

**【关键特征】**落叶灌木或小乔木。幼枝常带紫红色。单叶对生；叶较小，边缘具不规则的缺刻状重锯齿，常3裂，中央裂片最大。伞房花序，萼片5，黄绿色；花瓣5；雄蕊8；子房密被长柔毛，花柱顶2裂。果翅常带红色。

**【生存环境】**生于山坡、路旁，多呈灌木丛状，喜生向阳地。

**【经济价值】**优良园林绿化观赏植物。

株丛

叶

花序

混合花序，示雄花、两性花

雄花

翅果

【关键特征】落叶小乔木。单叶对生，掌状5裂，基部近截形。伞房花序；花杂性，雄花与两性花同株。花瓣5，淡黄色或白色；雄蕊8；子房嫩时有黏性，无毛，柱头2裂，反卷。翅果，翅与小坚果几乎同长，翅张开成锐角或钝角；小坚果压扁状。

【生存环境】生于杂木林中或林缘。

【经济价值】元宝槭是集食用油、鞣料、蛋白质、药用、化工、水土保持、特用材及园林绿化观赏等多效益于一体的优良经济树种。

植株

树干

小枝及叶柄，示叶对生

秋叶背面，示基部平截

叶正面，示秋叶变红

花序

翅果

雄花

两性花

## 三花槭 *Acer triflorum* Kom.

【关键特征】落叶小乔木，树皮灰褐色，常成薄片状剥落。三出复叶，对生。伞房花序，三花聚生，生于短枝上，花杂性同株，花梗被毛。翅果宽大，黄褐色，开展近直角，小坚果中央部凸出。

【生存环境】生于针阔叶混交林及阔叶林中。

【经济价值】三花槭秋季叶色红艳，为中国东北地区营造秋季色叶林的优选树种，也是优良的蜜源植物。

叶背面沿脉有白色长毛

叶正面

树干，示树皮成薄片状剥落

秋季植株

伞房花序，示三花聚生

雄花的雄蕊及花盘

两性花

成熟翅果

子房被毛

青楷槭 *Acer tegmentosum* Maxim.

成年植株树干

【关键特征】落叶乔木。树皮平滑，灰绿色，具黑色条纹。单叶对生，广卵形，上部3浅裂，基部心形，主脉5条，由基部生出，脉腋有淡黄色的丛毛，边缘有重锯齿。总状花序顶生；花杂性，同株，后于叶开放，子房无毛。翅果黄褐色，张开成钝角或近于水平，小坚果扁。

【生存环境】生于疏林中。

【经济价值】青楷槭是集赏干、赏叶、赏果于一体的树种之一。树皮和树叶中含有大量黄酮类化合物，具有解酒护肝、抗肿瘤、抗菌消炎的作用。

幼树与生存环境

幼株树干

幼枝绿色、无毛

花序及叶背面

翅果

# 紫花槭 *Acer pseudo sieboldianum*（Pax）Kom.

**【关键特征】** 落叶乔木。单叶对生，掌状9～11中裂，基部心形，叶柄和花梗有毛。花杂性，同株，后于叶开放。伞房花序，具长梗。花瓣白色或淡黄色，花梗和萼片紫色。翅果紫色至紫黄色，开展成直角。小坚果凸出呈长卵圆形。

**【生存环境】** 生于阔叶林、针阔叶混交林及林缘。

**【经济价值】** 适于园林绿化、庭院观赏。

叶正面

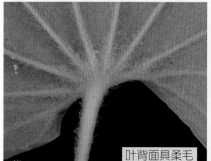
叶背面具柔毛

树干

秋季植株，叶色变红

花序具长柄

成熟果实

雄花，示花瓣黄色

两性花

# 梣叶槭 *Acer negundo* L.

**【关键特征】**落叶乔木。羽状复叶，小叶3～7。花单性，雌雄异株，雌花总状花序，雄花伞状花序。花先于叶开放，花丝很长，子房无毛。翅果扁平，小坚果凸起。

**【生存环境】**广泛引种栽培。为喜光阳性树种，适应性强，耐寒、耐旱。喜生于湿润肥沃土壤，稍耐水湿，但在较干旱的土壤上也能生长。

**【经济价值】**早春开花，是很好的蜜源植物。该种生长迅速，可作绿化树种。

幼茎，示叶对生

叶背面

植株　雄花序

树干　　　　雌花序　雌花　　　　果序

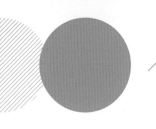

# 凤仙花科 Balsaminaceae

**科重点特征** 草本；茎叶柔软多汁；花两侧对称，中萼片有距，呈花瓣状；子房上位；蒴果，成熟时弹裂。

花程式： $\uparrow K_3 C_5 A_5 \underline{G}_{(5:5:2-\infty)}$

## 凤仙花属 Impatiens

### 水金凤 *Impatiens noli-tangere* L.

【关键特征】一年生草本。叶互生，卵形或长椭圆形，叶缘具粗钝锯齿。总状花序腋生，具2～4朵花，花大，黄色或淡黄色；萼片3，中部萼片花瓣状，宽漏斗形，具细而内卷的距；雄蕊5；子房纺锤形。蒴果狭长圆形。

【生存环境】生于山沟溪流旁、林中及林缘湿地、路旁等处。

【经济价值】全草药用，有理气和血、舒筋活络功效。

株丛　叶正面　叶反面　茎　根　花（无斑点类型）与果　花（有斑点类型）

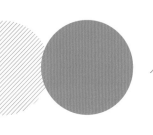

# 卫矛科 Celastraceae

**科重点特征** 多为木本。单叶互生或对生。聚伞花序，花小，淡绿色，4～5基数，萼宿存，花盘发达。种子常带颜色鲜艳的肉质假种皮。

花程式：$*K_{4-5}C_{4-5}A_{4-5}\underline{G}_{(2-5:1-5)}$

## 分属检索表

1. 叶对生，灌木或小乔木 ·························································································卫矛属 *Euonymus*
1. 叶互生，藤本 ··································································································南蛇藤属 *Celastrus*

## 卫矛属 *Euonymus*

## 分种检索表

1. 枝有木栓翅；心皮1～3，离生；叶椭圆形或倒卵形 ·····················································卫矛 *E.alatus*
1. 枝无翅。
  2. 叶披针状长圆形或长圆形，叶柄长5～12mm ·······························································白杜 *E.maackii*
  2. 叶卵形或椭圆形，叶柄长7～30mm ·····································································白杜卫矛 *E.bungeanus*

## 卫矛 *Euonymus alatus*（Thunb.）Sieb.

【关键特征】落叶灌木。枝四棱形，沿棱有木栓翅。叶椭圆形或倒卵形。聚伞花序1～3花；花白绿色，4数，心皮1～3，离生。蒴果1～4深裂；种子卵圆形，种皮褐色或浅棕色，假种皮橘红色。

【生存环境】生于山坡阔叶林中或林缘。

【经济价值】卫矛抗污染能力强；其枝翅奇特，秋叶红艳耀目，假种皮亦为红色，是园林、工矿、公路等绿化的优良植物。

秋季植株

幼苗，示叶对生

花序

枝具木栓翅

果实和种子

未成熟蒴果

成熟蒴果，示假种皮红色

# 白杜 *Euonymus maackii* Rupr.

【关键特征】灌木或小乔木。叶对生,披针状长圆形或长圆形,叶柄长5～12mm。聚伞花序,花瓣4,黄白色;雄蕊花药紫红色。蒴果,种子长椭圆状,棕黄色;假种皮橘红色。

【生存环境】该种喜光、耐寒、耐旱、稍耐阴,也耐水湿,生于河边、阔叶林内、沙地。

【经济价值】观赏树种。对二氧化硫和氯气等有害气体的抗性较强,可用作防护林树种。木材可供器具及细工雕刻用;枝条可用作编织原料;种子可提工业用油。叶可代茶。

植株　花及幼果

叶正面

叶背面

花序,示花药紫红色

花背面　果实背面　果实

# 白杜卫矛 *Euonymus bungeanus* Maxim.

【**关键特征**】小乔木。叶对生，叶柄长7～30mm，叶片椭圆形或卵形。花4数；雄蕊花药紫红色。蒴果，4裂；种子长椭圆状，棕黄色；假种皮橘红色。

【**生存环境**】生于阔叶林缘或山地沟谷的肥沃湿润土壤上。

【**经济价值**】白杜卫矛枝叶秀丽，红果密集，秋季树叶变红，是园林绿地的优美观赏树种。其抗二氧化硫和氯气等有害气体，因此可作为行道树栽植。

花枝

未成熟果实

树干

叶正面

叶背面

植株

果枝

花正面，示花丝短、花药紫色

花背面，示花萼

成熟果序

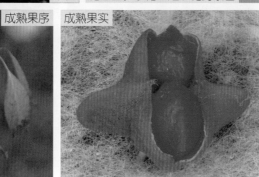

成熟果实

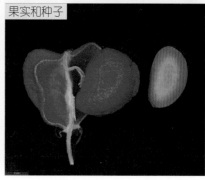

果实和种子

## 南蛇藤属 *Celastrus*

### 分种检索表

1.托叶小，脱落；叶长4～10cm；蒴果径8～10mm ············································· 南蛇藤 *C.orbiculatus*

1.托叶成钩刺状；叶长3～5cm；蒴果径6～8mm ············································· 刺南蛇藤 *C.flagellaris*

## 南蛇藤 *Celastrus orbiculatus* Thunb.

【**关键特征**】落叶灌木或藤本。托叶小，脱落；叶片近圆形或倒卵圆形，长4～10cm。聚伞花序顶生或腋生，有5～7花，花杂性。蒴果橙黄色，近球形，直径8～10mm。种子椭圆状稍扁，赤褐色；假种皮深红色。

【**生存环境**】生于山坡、沟谷溪流旁、阔叶林边或山沟。

【**经济价值**】南蛇藤是城市垂直绿化的优良植物。有些地区将南蛇藤的成熟果实作中药合欢花用，具镇静安神功效。其树皮可制优质纤维。

植株　花序

花　　未成熟果实，示顶端有刺尖　　成熟开裂蒴果

# 刺南蛇藤 *Celastrus flagellaris* Rupr.

【关键特征】落叶灌木或藤本。叶长3～5cm，托叶钩刺状。聚伞花序腋生；花单性；花瓣淡黄绿色；雄蕊稍长于花冠，在雌花中退化雄蕊长约1mm；子房球状。蒴果径6～8mm，球状。种子近椭圆状，棕色。

【生存环境】生于林边、溪流旁或山沟。

【经济价值】根、果实或茎入药，治风湿痛、关节炎、跌打损伤肿痛、无名肿毒。

叶正面，示其托叶钩刺状

叶背面

植株

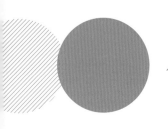

# 鼠李科 Rhamnaceae

**科重点特征** 常具刺；单叶全缘，常互生，叶脉显著，有托叶；花小，两性，辐射对称，具花盘；花4～5基数，雄蕊与花瓣对生，子房上位。核果、蒴果或翅果状。

花程式：$*K_{5-4}C_{5-4-0}A_{5-4}\underline{G}_{(4:2)}$

## 鼠李属 Rhamnus

### 分种检索表

1.叶长圆形，较大，长4～12cm，侧脉4～5对，嫩枝上部叶长为宽的3倍以上；种子背沟无开口……………………………………………………………………………………………乌苏里鼠李 *Rh.ussuriensis*

1.叶菱状倒卵形或菱状卵形，较小，长（1）1.5～2.5（3）cm；侧脉2～3（4）对；种子背沟有开口……………………………………………………………………………………………小叶鼠李 *Rh.parvifolia*

## 乌苏里鼠李 *Rhamnus ussuriensis* J.Vassil.

**【关键特征】** 灌木，枝端常具利刺，不具芽。叶对生或近对生，或在短枝端簇生；叶长圆形，较大，嫩枝上部叶长为宽的3倍以上，短枝上叶簇生，叶边缘具钝或圆齿状锯齿，齿端常有紫红色腺体。花单性，雌雄异株，4数，在短枝上簇生。核果近球形，成熟时黑色。种子卵圆形，黑褐色。

**【生存环境】** 生于低山地山坡、河溪岸畔或杂木林林缘、林内及灌丛中。

**【经济价值】** 种子可榨油，供制润滑油用；树皮及果实可提制栲胶和黄色染料。枝、叶作农药，可杀大豆蚜虫及治稻瘟病。木材坚硬，可作车辆、辘轳、细工雕刻等用。

枝叶

幼枝及托叶

枝端成刺

植株

果实

花序

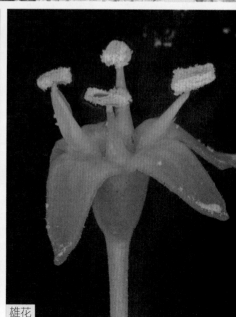

雄花

# 小叶鼠李 *Rhamnus parvifolia* Bunge

【关键特征】灌木。枝先端常成利刺。叶对生或近对生，倒卵形或菱状卵形，基部楔形，侧脉2～3（4）对。雌雄异株，花单性，黄绿色，4数，簇生。花梗长0.6cm左右。核果倒卵形或卵形。种子矩圆状倒卵圆形，褐色。

【生存环境】喜光耐旱，常生于石质山地、向阳山坡、草丛或灌丛中。

【经济价值】树皮、根、叶可供药用，清热泻下、消瘰疬，主治腹满便秘、疥癣瘰疬。

枝端利刺，叶对生

成熟果实

植株　未成熟果实

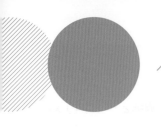

# 葡萄科 Vitaceae

**科重点特征** 木质藤本，有与叶对生的卷须。叶互生，有托叶。花序多与叶对生，花小，聚伞花序，4～5基数，雄蕊与花瓣同数对生；子房上位。浆果。

花程式：$*K_{5-4}C_{5-4-0}A_{5-4}\underline{G}_{(2)}$

## 分属检索表

1. 树皮无皮孔，髓褐色；圆锥花序；花瓣生顶部，互相黏着，花整个脱落 ················· 葡萄属 *Vitis*
1. 树皮具皮孔，髓白色；聚伞花序；花瓣离生。
  2. 花盘明显，与子房分离；卷须发达而两歧，顶端不膨大成吸盘状 ············· 蛇葡萄属 *Ampelopsis*
  2. 花盘不明显，与子房连在一起；卷须顶端膨大成吸盘状 ············· 爬山虎属 *Parthenocissus*

## 蛇葡萄属 *Ampelopsis*

### 东北蛇葡萄 *Ampelopsis heterophylla* Siebold & Zucc.var.*brevipedunculata*( Regel )C.L.Li

【关键特征】藤本。小枝及叶片下面脉生有毛。卷须与叶对生而二歧。单叶常3浅裂，叶片广卵形，叶背面淡绿色。二歧聚伞花序与叶对生，花细小，黄绿色。浆果球形，成熟时深蓝色。

【生存环境】生于干燥山坡及林下。

【经济价值】根可入药，具有清热解毒、消肿祛湿之效，叶制成的注射液有止血的效果。果实可酿酒。

花期植株　　茎与叶柄具毛

株丛

叶正面，示叶3浅裂

叶背面

卷须二歧

花

成熟浆果

# 爬山虎属 *Parthenocissus*

## 分种检索表

1.叶为单叶，3裂或有时具3小叶 ·················································· 爬山虎*P.tricuspidata*

1.叶为复叶，具掌状5小叶 ·················································· 五叶地锦*P.quinquefolia*

## 爬山虎 *Parthenocissus tricuspidata*（Siebold & Zucc.）Planch.

【关键特征】落叶木质藤本。叶为单叶，3裂或有时具3小叶。聚伞花序常腋生于短枝端。花两性，黄绿色，形小。浆果球形，径6～8mm，成熟时蓝黑色，具白霜。

【生存环境】生于山地岩石上或栽培于庭院墙根旁。

【经济价值】具有广泛的适应性和较强的抗逆性，是垂直绿化的优选植物。根、茎可入药。

植株攀援状

幼株基部的叶呈掌状3小叶

顶端3裂叶片

不裂叶片

卷须顶端膨大呈吸盘状

花序

小枝土褐色，布满叶痕

浆果球形，成熟时蓝黑色、具白霜，秋叶红色

## 五叶地锦 *Parthenocissus quinquefolia*（L.）Planch.

【关键特征】攀援木质藤本。叶为复叶，具掌状5小叶。圆锥状二歧聚伞花序较疏散，与叶对生。花瓣5，黄绿色。浆果球形，直径约6mm，成熟时呈蓝黑色、稍带白霜。

【生存环境】喜温暖，对土壤与气候适应性较强，干燥条件下也能生存。

【经济价值】该种抗氯气性强，秋季叶色变红，是垂直绿化和地被的良好植物材料。

植株

成熟果实　卷须

花序　　未完全开放的花放大，示雌雄蕊　浆果和种子

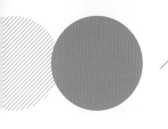

# 椴树科 Tiliaceae

**科重点特征**　木本，稀草本，具星状毛。单叶互生，多三出脉。花两性，整齐，5基数；雄蕊多数；子房上位。蒴果、核果或浆果。

花程式：$*K_5C_5A_\infty\underline{G}_{(2-10:2-10)}$

## 椴树属 *Tilia*

### 分种检索表

1. 当年生枝及幼叶背面被密毛，毛不脱落；叶较大，长5～11cm、宽5～10cm ·············· 辽椴 *T.mandshurica*

1. 当年生枝无毛；叶背面脉腋处有髯毛；叶较小，长4.8～8cm、宽4～7cm ·················· 紫椴 *T.amurensis*

## 辽椴 *Tilia mandshurica* Rupr.& Maxim.

【**关键特征**】乔木。叶片长5～11cm、宽5～10cm，广卵形或卵圆形，边缘有整齐的粗锯齿，先端有芒尖，背面密被淡灰色的星状短柔毛。聚伞花序，花序轴密被浅黄褐色星状短绒毛，苞片倒披针形，花瓣5，黄色，雄蕊多数，退化雄蕊呈花瓣状。果为核果状，近圆球形，直径8～10mm，密被浅黄褐色星状短绒毛。

【**生存环境**】阳性树种，喜生于水分条件较好的林缘或疏林中。

【**经济价值**】优良绿化树种，著名的蜜源树种。

花序的舌状苞片被毛

叶

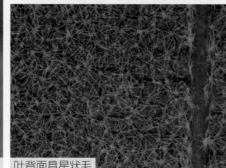

叶背面具星状毛

植株

萼片外被密毛　当年生枝表面具毛

聚伞花序　花具花瓣状退化雄蕊、与花瓣对生

果实　果实表面密被毛

2 mm

500 μm

紫椴 *Tilia amurensis* Rupr.

【关键特征】乔木。叶长4.8～8cm、宽4～7cm，广卵形或卵圆形，基部心形，先端呈尾状，边缘有粗尖锯齿，齿先端具内弯的芒尖，偶具1～3裂片。聚伞花序，苞片多为倒披针形，花瓣5、黄白色。果球形或椭圆形，直径3～5mm，被褐色短毛。

【生存环境】喜生于水分充足、排水良好、上层土壤深厚的山坡，抗烟和抗毒性强，虫害少，萌蘖性强。

【经济价值】其木材的材质优良，也是优良蜜源植物。花入药。果可榨油。

果枝

叶背面仅脉腋处有毛

植株

树干

叶

小枝和芽鳞光滑无毛

花无花瓣状退化雄蕊

花序苞片无毛

花序

花蕾萼片外毛较少

果实外被褐色短毛

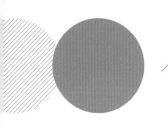

# 锦葵科 Malvaceae

| 科重点特征 | 草本或木本，体表常有星状毛，纤维发达。单叶互生，掌状脉，有托叶。花两性，整齐，5基数，有副萼，单体雄蕊，花药1室；子房上位。蒴果或分果。 |
| --- | --- |

花程式：$*K_{3-5,(3-5)}C_5A_{(\infty)}\underline{G}_{(2-\infty:2-\infty)}$

## 分属检索表

1. 果为分果，与中轴或花托分离，子房由几个离生心皮组成。
　2. 子房每室含2或多个胚珠；无小苞片 ·········································· 苘麻属 *Abutilon*
　2. 子房每室含1胚珠，小苞片3～9。
　　3. 小苞片2～3，离生 ········································································ 锦葵属 *Malva*
　　3. 小苞片6～9，基部合生 ································································ 蜀葵属 *Althaea*
1. 果为蒴果，室被开裂；子房由几个合生心皮组成 ··································· 木槿属 *Hibiscus*

## 蜀葵属 *Althaea*

## 蜀葵 *Althaea rosea*（L.）Cavan.

【关键特征】草本，茎直立，粗壮，被毛。叶互生，圆形至卵圆形。花单生于叶腋，单瓣或重瓣，颜色多种。雄蕊多数，花丝基部合生成筒；花柱分枝多数。果实扁球形，分果。

【生存环境】喜阳光充足，耐半阴，但忌涝。

【经济价值】可作园林绿化及切花材料。全草入药，有清热解毒、止血消肿等功效。

叶正面

叶背面

植株

茎上具星状毛

花背面，示萼片下有副萼

雄蕊筒

雄蕊花丝基部合生

雌蕊，示心皮轮状

分果

## 锦葵属 *Malva*

### 锦葵 *Malva sinensis* Cavan.

【关键特征】直立草本。叶柄比叶片长或近相等，叶片圆形或半圆形，5浅裂。花簇生于叶腋，瓣红紫色、淡红紫色或具暗色脉纹，顶端微凹。雄蕊被刺毛；花柱分枝9～11。分果。

【生存环境】生于路旁、田间、地边和住宅附近，常有栽培。

【经济价值】可供观赏，白色的花有药用价值，也可用来做香茶。

植株

花正面与果序

# 苘麻属 *Abutilon*

## 苘麻 *Abutilon theophrasti* Medik.

【关键特征】一年生草本，茎直立。叶具长柄，叶片圆形，基部深心形，边缘具浅圆齿。花瓣5，黄色，萼5裂。雄蕊柱平滑无毛，心皮15～20，顶端具2长芒。蒴果半球形，分果顶端有2长芒，芒向外弯曲。

【生存环境】常见于路边、田野、河岸等地，亦有栽培于耕地的。

【经济价值】茎皮纤维可作纺织材料。全草入药。

植株

花萼密被柔毛

分果顶端有2长芒、花萼宿存

多心皮环绕中轴

5 mm

花

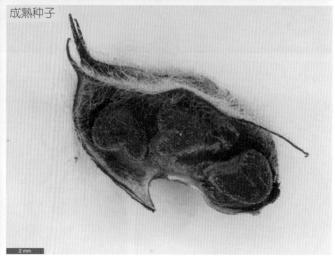

成熟种子

2 mm

## 木槿属 *Hibiscus*

# 野西瓜苗 *Hibiscus trionum* L.

【关键特征】一年生草本。茎中部叶片和上部叶片掌状3全裂。花单生于叶腋，花冠淡黄色，基部紫色；雄蕊多数，基部合生成短筒。子房5室，花柱顶端5裂，柱头头状。蒴果短于萼，近球形，具长毛。种子黑褐色。

【生存环境】生于草地、山坡、河边、路旁等处。

【经济价值】全草入药。

叶背面

叶正面

茎具毛

植株

花　成熟蒴果，示花萼宿存　种子

# 堇菜科 Violaceae

**科重点特征** 草本。单叶互生，有托叶。花两性，两侧对称，5基数，有距；子房上位，侧膜胎座。蒴果。

花程式：$\uparrow K_5 C_5 A_5 \underline{G}_{(3-5:1)}$

## 堇菜属 *Viola*

### 分种检索表

1. 有地上茎，托叶羽状深裂，不与叶柄愈合，花近白色或淡紫色⋯⋯⋯⋯⋯⋯⋯⋯⋯⋯ 鸡腿堇菜 *V. acuminata*
1. 无地上茎，托叶与叶柄大部分愈合，花堇色、紫色、淡紫色、蓝紫色等。
  2. 蒴果球形，密被毛，果梗向下弯曲，使果实与地面接触⋯⋯⋯⋯⋯⋯⋯⋯⋯ 球果堇菜 *V. collina*
  2. 蒴果不如上。
    3. 叶狭长⋯⋯⋯⋯⋯⋯⋯⋯⋯⋯⋯⋯⋯⋯⋯⋯⋯⋯⋯⋯⋯⋯⋯ 紫花地丁 *V. philippica*
    3. 叶较宽，卵形、广卵形、近圆形或长圆状卵形⋯⋯⋯⋯⋯⋯⋯⋯ 茜堇菜 *V. phalacrocarpa*

## 紫花地丁 *Viola philippica* Cav.

【关键特征】多年生草本，无地上茎。根白色至黄褐色，向下生长或横生。托叶常 1/4 ~ 1/2 与叶柄合生，叶柄具狭翼，叶片舌形、长圆形、卵状长圆形或长圆状披针形，两侧边缘略平行或明显平行，边缘具很平的圆齿，果期叶大。花瓣紫堇色或紫色，通常具紫色条纹。蒴果长圆形。

【生存环境】生于草地、路旁、荒地、山坡草地、林缘、灌丛、草甸草原、沙地等处。

【经济价值】全草入药，具有清热解毒、消肿利湿等功效。

叶正面

叶背面，示叶柄具狭翼，上部翼较宽

春季开花植株

花

叶缘具很平的圆齿

托叶常 1/4 ～ 1/2 与叶柄合生

2 mm

2 mm

雄蕊 5，下面 2 枚有腺状附属体突伸于距内

花距和花萼，示花梗被短硬毛

2 mm

2 mm

花药环绕雌蕊，药隔顶端具附属体

开裂的蒴果

种子

1 mm

# 鸡腿堇菜 *Viola acuminata* Ledeb.

【关键特征】多年生草本，有地上茎。托叶大，通常羽状深裂，叶片广卵状心形或近广卵形、卵形或心形。花近白色或淡紫色，下瓣连距长 11（10）~ 16mm，距较粗短、直。蒴果椭圆形。

【生存环境】生于阔叶林下、林缘、灌丛、山坡及河谷较湿草地等处。

【经济价值】全草民间供药用，能清热解毒、排脓消肿。嫩叶可食。

植株，示具地上茎

花

托叶

蒴果

种子

## 球果堇菜 *Viola collina* Bess.

【关键特征】多年生草本，无地上茎。托叶披针形，先端尖，基部与叶柄合生，边缘具较稀疏的流苏状细齿；叶片近圆形或广卵形，叶柄具狭翼，有毛。花瓣淡紫色或近白色。子房被毛，花柱基部膝曲。蒴果球形，密被白色长柔毛，果实常与地面接触。

【生存环境】生于阔叶林、针阔混交林林下或林缘、灌丛、山坡、溪谷等腐殖土层厚或较阴湿地上。

【经济价值】全草供药用，具清热解毒等功效。

植株

花正面

蒴果球形，密被白色长柔毛

叶柄有毛

根系，示果梗弯向地面

花侧面

**茜堇菜** *Viola phalacrocarpa* Maxim.

【关键特征】多年生草本，无地上茎。托叶苍白色至淡绿色，1/2 ~ 3/4 与叶柄合生。叶柄上部具稍宽的翼，通常被细短毛；叶长圆状卵形，基部心形或深心形。花大，花瓣堇色，具深紫色的脉纹。蒴果椭圆形至长圆形。

【生存环境】生于向阳山坡、草地、灌丛及林间、林缘、采伐迹地等处。

【经济价值】全草供药用，具清热解毒等功效。

叶正面　叶背面

植株　花　蒴果，示花梗被细短毛

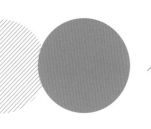

# 葫芦科 Cucurbitaceae

| 科重点特征 | 草质藤本，常具茎卷须。叶互生，掌状分裂；花单性，雌雄同株或异株；花5数，花药S形；子房下位，3心皮、1室或3室，侧膜胎座；瓠果。 |
|---|---|

花程式：$♂K_{(5)}C_{(5)}A_{1+(2)+(2)}♀K_{(5)}C_{(5)}\overline{G}_{(3:1,3:\infty)}$

## 南瓜属 Cucurbita

## 西葫芦 Cucurbita pepo L.

【关键特征】一年生蔓生草本。叶3～7深裂或中裂，有小刺毛。花单性同株；花大，黄色，花冠5裂至近中部。雄花花药靠合；雌花单生，子房卵形。瓠果，果梗有明显的棱和槽。

【生存环境】栽培于农田或庭院。

【经济价值】果实为常见蔬菜。

植株　果实

花，示雌雄同株（左侧雌花，右侧雄花）

雄花侧面

雌花侧面，示下位子房

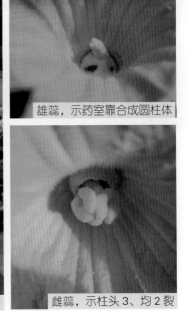

雄蕊，示药室靠合成圆柱体

雌蕊，示柱头3、均2裂

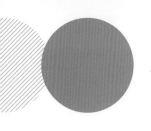

# 柳叶菜科 Onagraceae

**科重点特征**  多草本；叶对生或互生；花两性，辐射对称或有时左右对称，单生或组成穗状花序或总状花序；花常4数；子房下位，有胚珠1至极多数，中轴胎座；蒴果。

花程式：$* \uparrow K_{(2),(4)} C_{2,4} A_{2,4,8} \overline{G}_{(1-6:1-\infty)}$

## 分属检索表

1.萼具2裂片；花瓣2；雄蕊2；子房2室，每室1胚珠；果实坚果状，具钩状毛 ························· 露珠草属 *Circaea*

1.萼具4~6裂片；花瓣（0）4~6；雄蕊4枚以上；子房4~5室，每室具1至多数胚珠；蒴果 ···················
································· 月见草属 *Oenothera*

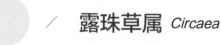

# 露珠草属 *Circaea*

## 分种检索表

1.茎密生开展腺毛及混生开展长毛；叶卵状心形或广卵形，基部心形，两面被短毛；萼片绿色 ···················
··········· 露珠草 *C.cordata*

1.茎无毛；叶狭卵形或卵状长圆形，近无毛，基部近圆形；萼片紫红色 ···········
··········· 水珠草 *C.lutetiana* L. subsp. *quadrisulcata*

## 露珠草 *Circaea cordata* Royle

**【关键特征】** 多年生草本，茎直立，密生开展腺毛及混生开展长毛。叶对生，广卵形或卵状心形。总状花序顶生或茎上部腋生，轴密生短腺毛及疏生毛。萼筒绿色，花瓣广倒卵形，短于萼片，先端2深裂，白色；雄蕊2，长于花瓣。子房2室，花柱细长。果实倒卵状球形。

**【生存环境】** 生于林缘、灌丛间及山坡疏林中、沟边湿地。

叶背　植株

花序及果实

茎密生毛

# 水珠草 *Circaea lutetiana* L. subsp. *quadrisulcata*（Maxim.）Asch. et Magnus

【关键特征】多年生草本。茎直立，通常无毛或被短毛。叶质薄，狭卵形或卵状披针形，基部近圆形或广楔形。总状花序，花轴被短腺毛。萼裂片2，紫红色；花瓣2，先端2深裂，白色或粉红色。果实倒卵形，黑褐色，有沟，密被淡褐黄色钩状软毛。

【生存环境】生于寒温带落叶阔叶林及针阔混交林中。

【经济价值】可入药，具宣肺止咳、理气活血、利尿解毒等功效。

植株

根及根状茎

果实

茎无毛

叶背面

花序，示萼片紫红色

## 月见草属 *Oenothera*

月见草 *Oenothera biennis* L.

【关键特征】二年生草本，第一年成丛生莲座状叶。基生叶具长柄，向上渐短至无柄；叶片披针形或倒披针形。花单生于茎上部叶腋；萼4裂，花期反卷；花瓣4，黄色；雄蕊8；柱头4裂；子房下位，4室。蒴果长圆形。

【生存环境】生于向阳山坡、沙质地、荒地、铁路旁及河岸沙砾地。

【经济价值】根药用，祛风湿、强筋骨。

第一年植株，叶丛生呈莲座状

第二年花期植株　花序　　雌蕊和雄蕊，示萼花期反卷　叶背面

根肉质　果序　　蒴果四瓣裂

# 八角枫科 Alangiaceae

**科重点特征**  乔木或灌木。冬芽包于叶柄基部。腋生聚伞花序，花柄有节，子房下位。核果。

花程式：$*K_{(4-10)}C_{4-10}A_{4-10}\overline{G}_{(2:3)}$

## 八角枫属 Alangium

三裂叶瓜木 *Alangium platanifolium* var.*trilobum*（Miq.）Ohwi

【**关键特征**】落叶乔木或灌木。单叶互生，近圆形或椭圆形、卵形，基部两侧常不对称，不分裂或3～7(～9)裂。聚伞花序腋生；花两性；花瓣6～8，线形，常外卷；雄蕊和花瓣同数而近等长。核果卵圆形，成熟后黑色。

【**生存环境**】生于山地或疏林中。

【**经济价值**】根叶药用，治风湿和跌打损伤等病，又可以作农药。树皮纤维可作人造棉。

植株

花

花盘肥厚、近球形，花柄有节

# 山茱萸科 Cornaceae

**科重点特征** 多木本。叶对生，单叶。花常两性，顶生聚伞花序或伞形花序，有时具苞片或生于叶表面；花3～5数；子房下位，1～4室；胚珠每室1颗，下垂；花柱单一。核果或浆果。

花程式：$K_{(3-5)}C_{3-5}A_{3-5}\overline{G}_{(1-4:1)}$

## 楝木属 Swida

 **红瑞木** *Swida alba* Opiz

【关键特征】落叶灌木，枝血红色，无毛。叶对生，卵形、椭圆形或广椭圆形，叶脉5～6对。圆锥状聚伞花序顶生；萼齿不明显，花瓣4，白色；雄蕊4；花柱圆柱形。核果斜卵圆形，成熟时乳白色；核棱形，侧扁。

【生存环境】生于河岸、溪流旁及杂木林中较湿的地方。

【经济价值】红瑞木姿态优美，枝干全年呈红色，花果叶均具观赏性。枝条药用。

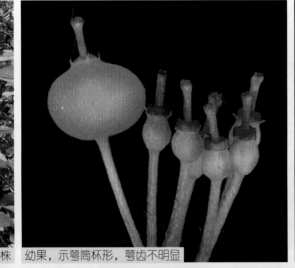

植株　幼果，示萼筒杯形，萼齿不明显　花，示花瓣4、雄蕊4

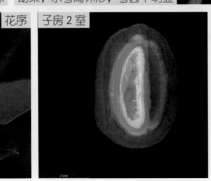

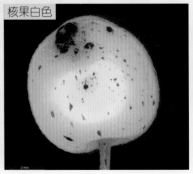

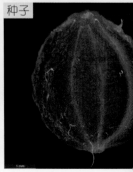

花序　子房2室　核果白色　种子

# 五加科 Araliaceae

**科重点特征**  多木本。常单叶互生。伞形花序；花5基数，子房下位，2～15室，每室1胚珠。常为浆果。

花程式：$*K_5C_{5-10}A_{5-10}\overline{G}_{(1-15:1-15:1)}$

## 分属检索表

1.叶互生；木本。
  2.羽状复叶 ·················································································· 楤木属*Aralia*
  2.叶为掌状复叶 ·········································································· 五加属*Acanthopanax*
1.叶轮生；草本 ················································································ 人参属*Panax*

# 五加属 *Acanthopanax*

## 刺五加 *Acanthopanax senticosus*（Rupr.& Maxim.）Harms

【**关键特征**】灌木，一、二年生枝通常密生下向的针状皮刺。掌状复叶互生，具5小叶。伞形花序具多数花，排列成球形，于枝端顶生1簇或数簇；花梗长1.2～2.5cm，总花梗长4～8（12）cm；花紫黄色；花瓣5，雄蕊5，超出花瓣；子房5室，花柱全部合生成柱状。果实近球形，成熟时黑色。

【**生存环境**】生于阔叶混交林与针阔叶混交林林下及林缘，山坡灌丛中及山沟溪流附近也有生长。

【**经济价值**】药用，根皮祛风湿、强筋骨。种子可榨油、制肥皂用。

叶正面 叶背面

未成熟果实　幼果序

植株　叶柄基部具刺

一、二年生枝常密生下向的针状皮刺

花序

成熟果实

## 楤木属 *Aralia*

### 辽东楤木 *Aralia elata*（Miq.）Seem.

【关键特征】小乔木。小枝、叶轴、羽片轴有刺。2回或3回奇数羽状复叶。花序顶生，圆锥花序常呈伞形；花淡黄白色，花瓣5，卵状三角形；雄蕊5；子房5室，花柱5，离生或基部合生。果实球形，具5棱，黑色。

【生存环境】生于阔叶林及针叶阔叶混交林内、林缘、林下以及山阴坡、沟边等处。

【经济价值】具食用、药用、观赏价值。春季的嫩芽是名贵山野菜。树皮及根皮入药。

叶羽轴具刺

植株

嫩枝及叶柄

树干

羽状复叶

花序

果序

# 人参属 *Panax*

人参 *Panax ginseng* C.A.Mey.

【关键特征】多年生草本。主根粗大，肉质，圆柱形或纺锤形，下部分歧。地上茎单生，直立。叶为掌状复叶，（1）3～6枚小叶轮生于茎顶。伞形花序单个顶生，有时有1～3个侧生伞形花序；花小，淡黄绿色，有两性花及雄花；雄蕊5；子房2室，花柱2，离生。浆果状核果扁球形，鲜红色。

【生存环境】生于针叶阔叶混交林及阔叶林下。

【经济价值】国家一级重点保护植物。其肉质根为著名强壮滋补药，适用于调整血压、恢复心脏功能、神经衰弱及身体虚弱等症，也有祛痰、健胃、利尿、兴奋等功效。

植株

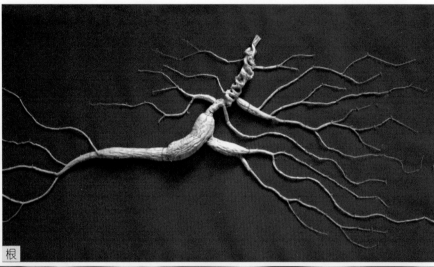

根

成熟果实

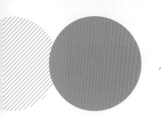

# 伞形科 Umbelliferae

**科重点特征** 芳香性草本，常有鞘状叶柄，具有典型的复伞形花序，花5基数，2室的下位子房。双悬果。

花程式：$*K_{(5)-0}C_5A_5\overline{G}_{(2:2)}$

## 分属检索表

1.叶掌状3～5裂；花序三出或2～3回叉状分枝；果实密被钩刺 ·········································· 变豆菜属Sanicula
1.叶1～4回羽状分裂或1～3回三出羽状分裂。
  2.果实较宽。
    3.果实被腹扁平或横切面近圆形；或为球形。
      4.叶缘或齿尖具白色软骨质；花白色或紫色。
        5.果实不为球形；分果果棱翼状，侧棱宽而薄。
          6.花序边花花瓣不等大 ·································· 柳叶芹属Czernaevia
          6.花序边花花瓣等大 ······································ 当归属Angelica
        5.果实球形，栽培植物 ······································· 芫荽属Coriandrum
      4.叶缘或齿尖不具白色软骨质；花白色，花序边花花瓣等大 ················ 山芹属Ostericum
    3.果实两侧压扁。
      7.萼齿明显。
        8.小伞形花序球形；茎直立；根状茎肥大，垂直；无匍匐枝；果实的心皮柄2裂 ·········· 毒芹属Cicuta
        8.小伞形花序不为球形；茎下部伏卧；根状茎不肥大，匍匐，具匍匐枝；果实无心皮柄 ·····················
        ···························································· 水芹属Oenanthe
      7.萼齿不明显。
        9.花黄色，叶3～4回羽状全裂，终裂片丝状 ·························· 茴香属Foeniculum
        9.花白色，叶2～4回羽状分裂，裂片较宽。
          10.根具浓厚香气 ··········································· 藁本属Ligusticum
          10.根无香气 ············································· 羊角芹属Aegopodium
  2.果实狭细，长卵形或狭长圆形，分果先端狭，短喙状，基部钝圆 ·············· 峨参属Anthriscus

## 羊角芹属 Aegopodium

 **东北羊角芹** *Aegopodium alpestre* Ledeb.

【关键特征】多年生草本。茎直立、中空。叶2～3回三出羽状全裂或2回羽状全裂，茎生叶向上渐小，至叶柄全成鞘状。复伞形花序，无总苞片和小总苞片，花瓣白色，花柱细长、下弯。双悬果长圆形，果棱丝状。

【生存环境】生于林缘、林间草地、溪流两岸。

【经济价值】茎叶入药，祛风止痛；主治流感、风湿骨痛、肝炎、神经痛等。

植株

叶

幼果序，示花柱细长、下弯

花序

花序背面，示无总苞片和小总苞片

果实

## 峨参属 *Anthriscus*

### 东北峨参 *Anthriscus aemula* var. *nemorosa*

【关键特征】多年生草本。叶片2～3回羽状全裂，终裂片长卵形、卵状披针形或披针形；复伞形花序顶生或腋生，无总苞片，小伞形花序具5枚广披针形总苞片；花瓣白色，外侧者大。双悬果狭长圆形，果实具带黄色的短刺毛，果棱不明显。

【生存环境】生于草甸子、沟谷林缘草地、山沟阴湿地及林下腐殖质较深厚的土壤上。

【经济价值】根入药，为滋补强壮剂，治脾虚食胀、肺虚咳喘、水肿等。

叶正面　叶背面

花序与果序，示小伞形花序下具苞片　　　果狭长圆形，具带黄色的短刺毛

# 毒芹属 *Cicuta*

## 毒芹 *Cicuta virosa* L.

【关键特征】多年生草本，全株无毛。茎直立，中空而具横隔，圆筒状，具细纵棱。叶片2～3回羽状全裂，终裂片小叶状，狭披针形或披针形。复伞形花序顶生，半球形，无总苞片；小伞形花序花期呈圆头状；小总苞片8～12，线状披针形或线形；花瓣白色。双悬果近球形，果棱肥厚、钝圆。

【生存环境】生于沼泽地、水边、沟旁、湿草甸子、林下水湿地。

【经济价值】欧洲民间将其制作成软膏，外用治疗某些皮肤病。但该植物全草有剧毒。本种春季幼苗的叶形与水芹近似，采食水芹时要特别注意。

植株

叶正面，示2～3回羽状全裂

叶背面（叶的一部分）

茎中空

复伞形花序

# 芫荽属 *Coriandrum*

芫荽 *Coriandrum sativum* L.

【**关键特征**】一年生草本，有香气。基生叶叶片 1 ～ 2 回羽状全裂，叶片广卵形；中上部叶片 2 ～ 3 回羽状全裂，终裂片线形或丝状。复伞形花序，花瓣白色或粉红色，伞形花序边花外侧 1 枚花瓣特大。双悬果球形。

【**生存环境**】属耐寒性蔬菜，生长于较冷凉湿润的环境条件下，在高温干旱条件下生长不良。

【**经济价值**】可食用。可药用，具有发汗透疹、消食下气、醒脾和中的功效。

基部叶背面

茎中上部叶

花序

花期植株

小伞形花序，示外围花具辐射瓣

花序背面

# 柳叶芹属 *Czernaevia*

柳叶芹 *Czernaevia laevigata* Turcz.

【关键特征】二年生草本。叶均具长柄，基部鞘状抱茎，2回羽状全裂，终裂片披针形至长圆状披针形，基部终裂片常具1～2深缺刻。复伞形花序有长梗，花瓣白色，花序边花外侧花瓣比内侧花瓣增大。双悬果广椭圆形，分果背棱狭翼状、侧棱宽翼状。

【生存环境】生于阔叶林下、林缘、灌丛、林区草甸子及湿草甸子处。

【经济价值】可作春季山菜，嫩茎叶也可作饲料。

花序，示边花外侧花瓣增大

茎与叶

花序背面，示花梗不等长

植株

# 当归属 *Angelica*

## 分种检索表

1. 叶常单羽裂，仅最下的一对裂片有时基部再具2～3小裂片，终裂片基部下延成翅状，翅上具细密的牙齿 …………
…………………………………… 东北长鞘当归 *A.cartilaginomarginata* var.*matsumurae*

1. 叶2～4回羽裂，终裂片基部不下延，终裂片卵形至卵状长圆形 …………………… 黑水当归 *A.amurensis*

## 东北长鞘当归 *Angelica cartilaginomarginata*（Makino ex Y.Yabe）Nakai var. *matsumurae* (H.Boissieu) Kitag.

【关键特征】二年生草本。小叶柄平直，叶常单羽裂，仅最下的一对裂片有时基部再具2～3小裂片，终裂片基部下延成翅状，翅上具细密的牙齿。复伞形花序，无总苞片，小伞形花序具小总苞片2～4，线形；花瓣白色。双悬果椭圆形，分果背棱狭而稍隆起、侧棱具狭翼。

【生存环境】生于山坡、林缘草地、林下、灌丛、沟旁。

【经济价值】药用。

花序，示伞梗极不等长

植株

叶柄长鞘状

果实，示分果侧棱具狭翼

# 黑水当归 *Angelica amurensis* Schischk.

【关键特征】多年生草本。茎中空，无毛。茎生叶2~3回羽状分裂，叶片轮廓为宽三角状卵形，末裂片卵形至卵状披针形，边缘有不整齐的三角状锯齿，带白色软骨质，最上部的叶生于简化成管状膨大的阔椭圆形的叶鞘上。复伞形花序，花序梗、伞梗及花柄均密生短糙毛；花白色。果实长卵形至卵形，侧棱宽翅状。

【生存环境】生长于山坡、草地、杂木林下、林缘、灌丛及河岸溪流旁。

【经济价值】叶柄和嫩茎用水煮后可食用。带花蕾的顶梢部分和嫩叶可作饲料。

植株

茎与叶

花序

# 茴香属 *Foeniculum*

## 茴香 *Foeniculum vulgare* Mill.

【关键特征】草本，全株无毛，有强烈香气。叶片3～4回羽状全裂，终裂片线形至丝状。复伞形花序，无总苞片和小总苞片；花瓣黄色。双悬果长圆形。

【生存环境】农田或庭院栽培。

【经济价值】常见蔬菜品种，果实入药，具有健胃理气的功效。

植株

果实

花序

# 藁本属 Ligusticum

## 辽藁本 Ligusticum jeholense（Nakai & Kitag.）Nakai & Kitag.

【关键特征】多年生草本。根具浓厚的芳香气。叶2～3回羽状分裂，终裂片卵形或广卵形。复伞形花序；总苞片3～6枚，早落；花瓣白色。双悬果椭圆形，背棱龙骨状，侧棱狭翼状。

【生存环境】生于山地、林缘、林下及阴湿多石质山坡。

【经济价值】根及根茎可入药，具发表散寒、祛风除湿、止痛等功效。

茎与叶鞘

叶正面

叶背面

株丛

根，示茎带紫色

## 水芹属 *Oenanthe*

### 水芹 *Oenanthe javanica*（Bl.）DC.

【关键特征】多年生草本，全株无毛。叶片2回羽状全裂，终裂片披针形、长圆状披针形或卵状披针形。复伞形花序，小伞形花序有小总苞片2～8，线形。花瓣白色。双悬果椭圆形，果棱肥厚。

【生存环境】生于低洼湿地、水田及池沼边、水沟旁。

【经济价值】味鲜美，可当蔬菜食用。民间也作药用，有清热解毒、润肺利湿的功效。

花序

植株

果实

# 山芹属 Ostericum

**大齿山芹** *Ostericum grosseserratum*（Maxim.）Kitag.

【**关键特征**】草本。叶片轮廓为广三角形，2至3回三出分裂，末回裂片阔卵形至菱状卵形，边缘有粗大缺刻状锯齿，常裂至主脉的 1/2 ~ 2/3，齿端圆钝，有白色小突尖。复伞形花序，总苞片 4 ~ 6，线状披针形，花白色。分生果广椭圆形，基部凹入，背棱突出、尖锐，侧棱为薄翅状。

【**生存环境**】生长于山坡、草地、溪沟旁、林缘灌丛中。

【**经济价值**】可食用、药用。

植株

果实

叶

# 变豆菜属 *Sanicula*

## 变豆菜 *Sanicula chinensis* Bunge

【关键特征】多年生草本。基生叶有长柄,掌状3全裂或5裂,边缘具不整齐的重锯齿或缺刻状重牙齿,齿端具刺尖。花序2～3回叉状分枝,呈二歧聚伞状,总苞片叶状。小伞形花序具5～6(9)朵花,雄花2～3(6)朵;两性花3～4,花瓣淡绿色,子房密被钩状刺。双悬果卵圆形,具宿存的萼齿,果皮密被硬刺。

【生存环境】生于阴湿的山沟、溪边、路旁、林缘、灌丛或稀疏的杂木林下。

【经济价值】幼苗可食用。全草入药,有收敛、滋补作用,能解毒、止血。

植株

叶

花放大,示两性花子房被钩刺;侧下方的为雄花

花序

根

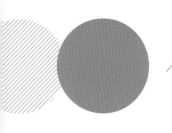

# 报春花科 Primulaceae

| 科重点特征 | 草本；常有腺点和白粉；单叶，稀分裂，无托叶；花两性，5基数，辐射对称；萼5裂，宿存；花冠合瓣；雄蕊同数、对瓣；心皮5，1室；特立中央胎座；蒴果。 |

花程式：$*K_{(5)}C_{(5)}A_5\underline{G}_{(5:1:\infty)}$

## 分属检索表

1. 叶全部基生；伞形花序稀单生；花冠裂片在花蕾中覆瓦状或镊合状排列 ·························· 点地梅属 *Androsace*

1. 叶互生；总状花序、圆锥花序或花单生于叶腋；花冠裂片在花蕾中旋转状排列 ················· 珍珠菜属 *Lysimachia*

## 点地梅属 *Androsace*

 点地梅 *Androsace umbellata*（Lour.）Merr.

【关键特征】一年生或二年生草本，全株被细柔毛。基生叶丛生，叶圆状肾形，有柄；花萼杯状，深裂几达基部，果期增大，萼裂片呈星状水平展开；花冠白色、淡粉白色或淡紫白色，花冠筒部短于花萼，喉部黄色。蒴果近球形，稍扁，直径约3mm，成熟后5瓣裂。

【生存环境】生于向阳地、疏林下及林缘、草地等处。

【经济价值】分枝多而密集，花繁茂，常连成小片，是地被绿化的良好材料。全草入药。

植株　伞形花序　基生叶

伞形花序侧面　　株丛

花梗被柔毛并杂生短柄腺体　　花正面放大，示喉部黄色　　花萼5深裂几达基部

花冠筒短于花萼　　雄蕊着生于花冠筒中部，花柱短　　果期花萼增大、蒴果近球形

## 珍珠菜属 *Lysimachia*

**黄连花** *Lysimachia davurica* Ledeb.

【关键特征】多年生草本。茎直立。叶对生或3（4）枚叶轮生，表面密布近黑色腺状斑点，叶柄短。圆锥花序顶生；花冠黄色，5深裂，花冠裂片宽约4mm，裂片间无小裂片；雄蕊5，内藏，基着药；子房球形。蒴果。

【生存环境】生于草甸、灌丛及林缘。

【经济价值】全草入药，适用于高血压、失眠。

植株

叶具腺状斑点

子房球形

花萼5深裂至基部、沿边缘内侧有腺带及腺毛

花，示雄蕊5、基部合生成圆筒

# 虎尾草 *Lysimachia barystachys* Bunge

【关键特征】多年生草本。根状茎横走，棕红色。茎叶均被柔毛；叶长圆状披针形、披针形至线状披针形，宽2cm以下，表面常无腺点或少布暗红色斑点，互生。总状花序顶生，花密集，常向一侧弯曲呈狼尾状，果期伸直；苞片钻状线形，萼裂片几达基部；花冠白色，仅下部合生。蒴果近球形。

【生存环境】生于草甸、砂地、路旁或灌丛间。

【经济价值】云南民间用全草治疮疖、刀伤。

根，示根状茎横走、棕红色

茎被毛

花蕾解剖，示雌蕊和雄蕊、花萼边缘膜质

果期果穗伸直

顶生总状花序偏向一侧，苞片钻形

株丛

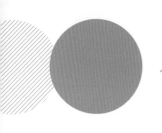

# 木犀科 Oleaceae

科主要特征 木本；叶对生或轮生，无托叶；圆锥花序或聚伞花序顶生或腋生；花辐射对称，4基数，整齐；花冠合生，常4裂；雄蕊2，着生于花冠；子房2室；核果、蒴果、浆果或翅果。

花程式：$*K_{(4)}C_{(4)}A_2\underline{G}_{(2:2)}$

## 分属检索表

1.果为翅果或蒴果。
　2.翅果，翅在果实顶端伸长；羽状复叶 ···················································· 白蜡树属 *Fraxinus*
　2.蒴果；单叶。
　　3.花黄色；枝空心或有片状髓 ···················································· 连翘属 *Forsythia*
　　3.花紫色、红色或白色；枝实心 ···················································· 丁香属 *Syringa*
1.果为核果 ···················································································· 女贞属 *Ligustrum*

## 白蜡树属 *Fraxinus*

### 分种检索表

1.花序生自先年枝上无叶的腋芽；花单性；先于叶开放 ···················· 水曲柳 *F.mandshurica*
1.花序生于当年生有叶枝的顶端或叶腋；花两性；与叶同时开放或后于叶开放 ············· 花曲柳 *F.rhynchophylla*

## 水曲柳 *Fraxinus mandshurica* Rupr.

【关键特征】落叶大乔木。冬芽卵球形，黑褐色或近黑色。奇数羽状复叶，对生，小叶7 ~ 11（13），小叶着生处密生锈色绒毛。花雌雄异株，先于叶开放，圆锥花序生自上年生无叶的侧芽。雄花序紧密，两性花序稍松散；花无花冠也无花萼。单翅果大而扁。

【生存环境】生于土壤湿润、肥沃的缓坡和山谷。

【经济价值】用途广泛的优良用材树种，是优良的绿化和观赏树种。

树干

叶

小叶基部正面着生锈色绒毛

花芽

植株

雄花序，示叶痕

雌花序

翅果

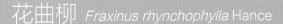

# 花曲柳 *Fraxinus rhynchophylla* Hance

【关键特征】落叶乔木，树皮灰色或暗灰色，光滑。奇数羽状复叶，对生，小叶通常5，有柄。圆锥花序顶生或腋生于当年生枝上，花杂性或单性异株。花萼浅杯状；无花冠；两性花具雄蕊2枚；雌蕊具短花柱，柱头2叉深裂；雄花花萼小，花丝细。单翅果。

【生存环境】生于阔叶混交林中。

【经济价值】优良用材树种。根系分布广而密，是营造水土保持林的优良树种。药用，干皮及枝皮主治痢疾、肠炎、角膜炎及慢性气管炎等。

树苗，示叶片小叶5，顶端小叶宽大，基部一对小叶小

树干

小叶背面沿中脉两侧具褐黄色柔毛

花序

成熟单翅果

# 连翘属 *Forsythia*

## 分种检索表

1. 枝除节部外中空，萌枝的叶常具3小叶或3深裂 ··················································· 连翘 *F.suspensa*

1. 枝具片状髓，单叶，不裂 ···················································································· 东北连翘 *F.mandschurica*

## 连翘 *Forsythia suspensa*（Thunb.）Vahl

【关键特征】灌木。枝条对生，除节部外中空，皮孔明显。单叶对生，部分萌枝上成三出叶或三深裂。花黄色，1～2朵腋生，先于叶开放，花萼4深裂，约与花冠筒等长；雄蕊2，着生于花冠筒基部，子房卵形，花柱细长，柱头2裂。蒴果卵形，表面有稀疏瘤点，2室。

【生存环境】生长于山坡灌丛、林下或草丛中，或山谷、山沟疏林中。

【经济价值】早春优良观花灌木。根系发达、密集成网状，是退耕还林优良生态植物和防治水土流失的最佳经济作物。种子可提取油料，是绝缘油漆和化妆品的良好原料。果实可以入药，具清热、解毒等功效。

株丛（未修剪状态，枝条呈拱形）

叶正面，示叶对生

叶背面

枝的髓中空

花侧面

雌雄蕊

花正面，示花冠4深裂

蒴果

萌枝，示叶3裂

**【关键特征】** 灌木。枝髓部薄片状。叶对生，长6～12cm、宽3.5～7cm，叶背面及叶柄疏生短柔毛。花腋生，黄色，先于叶开放；花萼和花瓣4深裂。果长卵形。

**【生存环境】** 多生于山坡。

**【经济价值】** 用于园林绿化，观赏价值高。可药用，具清热解毒、消肿散结等功效。种子可提取食用油。

叶正面（示叶对生）

叶背面

枝条横切

枝条纵切，示具片状髓

植株

# 丁香属 *Syringa*

## 分种检索表

1.花冠筒明显长于花萼，花丝极短，雄蕊藏于花冠筒内；叶广卵形至肾形，宽常大于长，先端短突尖 ……………………
……………………………………………………………………………………………………………… 紫丁香 *S.oblata*
1.花冠筒不长或稍长于花萼，花丝长，伸出于花冠之外；叶卵形至广卵形，先端尖或短渐尖，表面具皱褶 …………
……………………………………………………………………………………… 暴马丁香 *S.reticulata* var.*amurensis*

## 紫丁香 *Syringa oblata* Lindl.

【关键特征】灌木或小乔木。单叶对生，无毛，广卵圆形至肾形，通常宽大于长。花两性，顶生或侧生的圆锥花序，产生于枝上部无叶的侧芽。花冠筒明显长于花萼，花冠大，紫红色，开花后色变淡，4裂；雄蕊2，内藏。蒴果长圆形，平滑。

【生存环境】生于山坡灌丛。

【经济价值】著名的观赏花木。叶和树皮可药用，有清热燥湿等功效。

花序

花纵切，示花药藏于花冠内，花冠筒明显长于花萼

蒴果

植株    叶对生

# 暴马丁香 *Syringa reticulata*（Blume）Hara var.*amurensis*（Rupr.）J.S.Pringle

【关键特征】灌木或小乔木，单叶对生。叶片卵形至广卵形或卵状披针形，叶背面无毛。圆锥花序大而稀疏，花冠筒较萼稍长，花冠白色，4裂，花丝长，伸出花冠外。蒴果长圆形，表面常有灰白色的小瘤。

【生存环境】生于谷地湿润的冲积土上。

【经济价值】著名观赏花木。具药用价值，树皮、树干及枝条可消炎、利尿。花可做花茶，用于治疗咳嗽和身体保健。木材坚实致密，具有特殊清香气味。花为蜜源。

植株

叶正面，示具明显皱褶、叶脉明显凹下

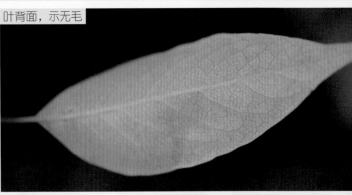

叶背面，示无毛

花，示花药约为花冠长的 1.5 倍

开裂的蒴果

# 女贞属 *Ligustrum*

## 辽东水蜡树 *Ligustrum obtusifolium* Siebold & Zucc.

【关键特征】落叶灌木，当年生枝有灰褐色短柔毛。叶片长圆形或广倒披针形，对生。圆锥花序生于当年生枝顶端；花萼杯状，先端微4裂；花冠白色，4裂。核果长圆状球形。

【生存环境】生于山坡、山沟石缝、山涧林下和田边、水沟旁。各地广泛栽培。

【经济价值】优良的园林绿化树种，抗污染，耐修剪，易整形。

当年生枝放大，示被短柔毛

小枝，示叶正面

成熟核果 | 植株

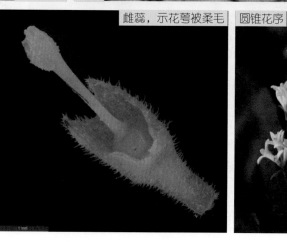

花纵切，示花药约与花冠裂片等长

雌蕊，示花萼被柔毛

圆锥花序

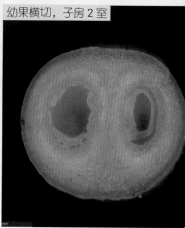

幼果横切，子房2室

被子植物门　275

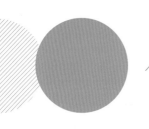

# 龙胆科 Gentianaceae

**科主要特征** 草本；叶对生，全缘，无托叶；聚伞花序，花辐射对称，两性；花冠合瓣，檐4～5裂；雄蕊与花冠裂片同数，且彼此互生。蒴果2瓣裂。

花程式：$*K_{(4-5)}C_{(4-5)}A_{4-5}\underline{G}_{(2:1:\infty)}$

## 龙胆属 *Gentiana*

## 龙胆 *Gentiana scabra* Bunge

【关键特征】多年生草本。茎直立，基部无残叶纤维；叶对生，下部叶小、鳞片状，中部与上部叶卵形或卵状披针形，具3～5条脉。花簇生于茎顶或叶腋；花冠筒状钟形，蓝紫色；雄蕊5，着生于花冠筒中下部；花柱短柱头2裂。蒴果细长。

【生存环境】生于草甸、山坡、林缘、灌丛下。

【经济价值】可入药，具泻肝胆实火、除下焦湿热等功效。

植株，示叶对生

花簇生于茎顶，花冠檐部5裂　根黄白色

# 萝藦科 Asclepiadaceae

**科重点特征** 草本或木本，含乳汁；叶多对生，无托叶；花两性，5基数；2花柱联合；雄蕊连合并与雌蕊合生成合蕊柱；具花药块或四合花粉，有载粉器；菁荚果双生，种子多数，顶端具毛。

花程式：$*K_{(5)}C_{(5)}A_5\underline{G}_{(2:1:\infty)}$

## 分属检索表

1.柱头延伸成丝状，伸出花药之外；果皮有明显的瘤状突起 ···················· 萝藦属*Metaplexis*

1.柱头短，不延伸出花药之外；果皮无瘤状突起 ···················· 鹅绒藤属*Cynanchum*

## 萝藦属 *Metaplexis*

### 萝藦 *Metaplexis japonica*（Thunb.）Makino

【关键特征】缠绕草质藤本，有乳汁。叶对生，叶柄顶端具丛生腺体；叶片卵状心形，无毛。总状花序或总状聚伞花序。花冠白色，有淡红紫色斑纹，内面密被白柔毛；副花冠环状，生于合蕊冠上，5浅裂，裂片与雄蕊互生；雄蕊连生成圆锥状，包围雌蕊，花药顶端具白色膜片，花粉块卵状圆形，下垂。菁荚果纺锤形，表面有小瘤状突起。种子扁平，卵圆形，顶端具白色绢质种毛。

【生存环境】生于山坡、路旁、灌丛中、林中草地及村舍附近篱笆旁。

【经济价值】全株药用，果可治劳伤、虚弱、腰腿疼痛、缺奶、咳嗽等；根可治跌打、蛇咬、疔疮、瘰疬、阳痿；茎叶可治小儿疳积、疔肿；种毛可止血；乳汁可除瘊子。

株丛　　蓇葖表面有小瘤状突起　　具乳汁

花正面　花背面，示花萼

雌蕊及副花冠　花药背腹面，示顶端具白色膜片；花粉块柄通过载粉器柄连接 2 个卵圆形的黄色花粉块

成熟开裂蓇葖果　种子扁平、顶端具白色绢质种毛

# 鹅绒藤属 *Cynanchum*

## 白薇 *Cynanchum atratum* Bunge

【关键特征】多年生草本，须根发达。茎直立。叶对生，具短柄；叶片卵形或卵状长圆形，两面被绒毛。聚伞花序，花冠深紫红色，5裂至中部。蓇葖果披针形。

【生存环境】生于山坡草地、林缘路旁、林下及灌丛间。

【经济价值】根及部分根茎供药用，有除虚烦、清热散肿、生肌止痛之效，可治产后虚烦呕逆、小便淋沥、肾炎、尿路感染、水肿、支气管炎和风湿性腰腿痛等。

叶正面

叶背面

果实

植株　花序

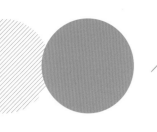

# 茜草科 Rubiaceae

**科重点特征**　草本或木本。单叶对生或轮生，全缘，有托叶；花两性，4或5基数（6），辐射对称；雄蕊与花冠裂片同数互生；子房下位，2心皮2室，每室有胚珠1至多颗；蒴果、浆果或核果。

花程式：$*K_{(4-5)}C_{(4-5)}A_{4-5}\overline{G}_{(2:2)}$

## 分属检索表

1.花冠漏斗形或钟形，花4数 ················································ 车叶草属 *Asperula*
1.花冠辐射状或短钟状。
　2.花5数，果实肉质 ······················································ 茜草属 *Rubia*
　2.花（3）4数，果实干质 ·················································· 拉拉藤属 *Galium*

## 茜草属 *Rubia*

### 茜草 *Rubia cordifolia* L.

【关键特征】多年生攀援草本。茎和小枝具明显的4棱，沿棱具倒生小刺。叶质厚，4～8（10）轮生，表面粗糙，被短毛，背面沿脉具倒刺。聚伞状圆锥花序，花小，黄白色；花冠钟形，5裂。浆果红色。

【生存环境】生于阔叶林下、林缘或灌丛。

【经济价值】可药用，具凉血止血、活血化瘀等功效。

叶轮生

花序一部分放大

5 mm

植株，示茎匍匐

叶正面

叶背面

茎横切，示具明显的 4 棱

根紫红色或橙红色

茎及叶柄具刺

花正面，示 4 ~ 5 数、花柱 2、柱头头状

花背面，示子房下位

浆果（未完全成熟）

# 拉拉藤属 *Galium*

## 兴安拉拉藤 *Galium dahuricum* Turcz.ex Ledeb.

【关键特征】多年生草本。茎细弱、具四棱。叶5～6枚轮生，倒卵状长圆形或倒披针形。花冠白色，4裂。果实近球形，无毛或具小疣。

【生存环境】生于阔叶林下或山坡。

花序

植株 根

## 车叶草属 *Asperula*

异叶轮草 *Asperula maximowiczii*（Kom.）Pobed.

【关键特征】多年生草本。茎单一或稍分枝，四棱形，平滑。叶4～8枚轮生，有短柄，下部倒卵形，上部叶披针形或倒披针状长圆形或长圆形，基部楔形。圆锥花序疏散。花冠白色。

【生存环境】生于林边。

花序

叶背面

植株，示茎单一　根

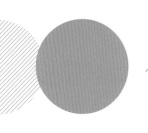

# 花葱科 Polemoniaceae

**科重点特征** 草本或灌木。叶互生或对生，无托叶；聚伞花序，花两性，5基数，整齐或两侧对称；花冠合瓣，高脚碟状、漏斗状、钟状；雄蕊生于花冠管上；子房上位，3~5室；蒴果。

花程式：$*K_{(5)}C_{(5)}A_5\underline{G}_{(3:3-5:1-\infty)}$

## 花葱属 *Polemonium*

小花葱 *Polemonium liniflorum* V.Vassiljev

【**关键特征**】多年生草本，根状茎横走，茎单一。奇数羽状复叶互生，狭披针形或卵状披针形。圆锥状聚伞花序顶生，花萼钟状，5裂，长3~5mm，约与花冠筒等长，萼齿三角形至狭三角形；花冠蓝色或淡蓝色，辐状或广钟状，喉部有毛，花冠长12~14（17）mm。蒴果广卵球形。

【**生存环境**】生于向阳草坡、湿草甸子。

【**经济价值**】蜜源植物。花美丽，具有观赏价值。全草入药，主治失眠、癫痫等症。

花冠裂片在蕾时扭曲，花雄蕊5、柱头3裂

叶反面

花序　叶正面

根

# 旋花科 Convolvulaceae

**科重点特征** 草本或半灌木；茎缠绕或匍匐，常有乳汁；叶互生，无托叶；花辐射对称，花冠通常钟状或漏斗状；两性；花5基数；子房上位；萼宿存；蒴果。

花程式：$* K_5 C_{(5)} A_5 \underline{G}_{(2:1-4:2)}$

## 分属检索表

1. 柱头头状；子房3室 ·························································· 牵牛属 *Pharbitis*
1. 柱头线形、长圆形或扁。
 2. 苞大，叶状，包围花萼 ···················································· 打碗花属 *Calystegia*
 2. 苞小，线状，于花下一段距离处着生 ································ 旋花属 *Convolvulus*

# 牵牛属 *Pharbitis*

## 分种检索表

1. 叶通常全缘；萼齿披针形，渐尖，长约1.5cm ·············· 圆叶牵牛 *P.purpurea*
1. 叶3裂；萼齿线状披针形，长2.5~3cm ···························· 牵牛 *P.nil*

## 圆叶牵牛 *Pharbitis purpurea*（L.）Voigt

【**关键特征**】一年生缠绕草本。叶通常全缘，偶有3裂。萼齿披针形，渐尖，长约1.5cm。花冠漏斗状，柱头头状，3裂。蒴果近球形；种子卵状三棱形，黑褐色或米黄色。

【**生存环境**】生于田边、路旁、平地及山谷、林内。

【**经济价值**】具观赏价值。种子入药，能泻水下气、消肿杀虫，主治水肿、尿闭等症。

叶正面

叶背面

茎缠绕

植株　根

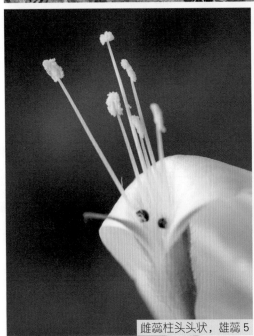

雌蕊柱头头状，雄蕊5　示花冠筒近白色，萼齿披针形，苞片2、线形

蒴果，示宿萼被开展的硬毛　种子

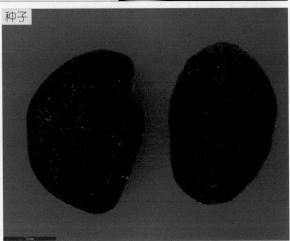

# 牵牛 *Pharbitis nil*（L.）Choisy

【**关键特征**】一年生缠绕草本。叶3裂，萼片线状披针形，长2.5～3cm；花冠漏斗状。蒴果球形；种子卵状三棱形，黑褐色或米黄色，被褐色短绒毛。

【**生存环境**】常为栽培植物，亦野生于东北各地。

【**经济价值**】可供观赏。种子中药名丑牛子（二丑，即黑丑和白丑），有泻水利尿、逐痰、杀虫的功效。

植株

叶3裂

雌蕊和雄蕊

花萼放大，示萼片5

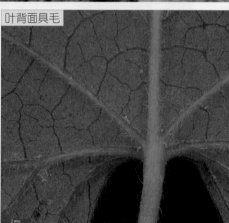

叶背面具毛

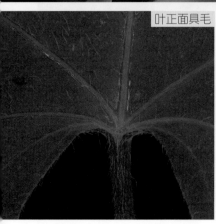

叶正面具毛

未成熟蒴果

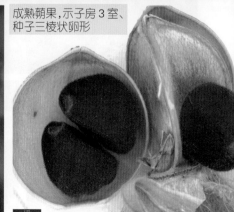

成熟蒴果,示子房3室、种子三棱状卵形

# 打碗花属 *Calystegia*

## 分种检索表

1.植株被毛；叶卵状长圆形，先端短尖，基部心形，两侧裂片不明显伸展，圆钝或2裂⋯⋯ 毛打碗花 *C. dahurica*

1.植株无毛。

  2.花小，长2～2.5cm；叶3～5裂⋯⋯⋯⋯⋯⋯⋯⋯⋯⋯⋯⋯⋯⋯⋯⋯⋯⋯⋯⋯⋯⋯ 打碗花 *C. hederacea*

  2.花大，长4cm以上；叶三角状卵形或广卵形，基部稍伸展为2～3个大齿状裂片⋯⋯⋯⋯⋯⋯⋯⋯⋯⋯

  ⋯⋯⋯⋯⋯⋯⋯⋯⋯⋯⋯⋯⋯⋯⋯⋯⋯⋯⋯⋯⋯⋯宽叶打碗花 *C. sepium* var. *communis*

## 打碗花 *Calystegia hederacea* Wall.

【关键特征】一年生草本，全株无毛，常由基部分枝。茎匍匐，有时缠绕，具细棱。茎基部叶近全缘，卵状长圆形，茎上部叶3～5裂。花腋生，苞卵圆形，长1～1.2cm；花长2.5～3cm，淡红色。花丝基部扩大，贴生花冠管基部，被小鳞毛；子房无毛，柱头2裂，裂片长圆形，扁平。蒴果球形；种子黑褐色，表面有小疣。

【生存环境】生于田间、路旁、荒地等处。

【经济价值】嫩茎叶和根可食。根茎有小毒，可入药，具有调经活血、滋阴补虚的功效。

茎无毛　叶背面　植株　花侧面

苞片与萼片　雌蕊较雄蕊长、柱头2裂；雄蕊花丝基部膨大、有小鳞毛　花　子房1室，种子黑褐色

# 毛打碗花 *Calystegia dahurica*（Herb.）Choisy

【**关键特征**】多年生草本植物，除花萼、花冠外植物体各部分均被短柔毛。茎缠绕，叶通常为卵状长圆形，基部戟形。花单生于叶腋，花梗长于叶片。花冠淡红色，漏斗状。蒴果球形，稍长于萼片。

【**生存环境**】生于路边、荒地、旱田或山坡路旁。

【**经济价值**】根及全草药用，有清热、滋阴、降压利尿功效。

茎被毛、有细棱

叶正面，示叶柄被毛

植株

雌蕊和雄蕊

花侧面，示苞片和萼片

花

2 mm

旋花（*C.sepium*）的变种。

【关键特征】草本。茎缠绕。叶三角状卵形或广卵形，全缘或基部伸展为2～3个大齿状裂片。苞片2，长2.5～2.8cm；花大，长5～7cm，花冠漏斗状，粉红色或带紫色，冠檐微裂；花梗长5～8cm，有细棱。蒴果球形。

【生存环境】生于山坡、路旁稍湿草地。

【经济价值】该种为优良的观花植物。花可入药，味甘、微苦、性温。

植株

叶正面

叶背面

雌蕊和雄蕊

雄蕊花丝基部膨大并具鳞毛

花蕾，示苞片

花

# 唇形科 Labiatae

**科重点特征** 草本，含挥发性芳香油。茎常四棱形。叶对生或轮生，多单叶，无托叶。聚伞花序；花两性；花萼常5裂，宿存；花冠合瓣，常二唇形；二强雄蕊；子房上位，2心皮，假4室，每室有胚珠1；柱头常2浅裂。4小坚果。

花程式：　$\uparrow K_{(4-5)}C_{(4-5)}A_{4,2}\underline{G}_{(2:4:1)}$

## 分属检索表

1.花萼二唇形，具宽而钝的唇片，全缘，上唇具鳞片状盾片或囊状突起，果期通常上唇脱落，下唇宿存；子房有柄 ·················································································································黄芩属 *Scutellaria*

1.花萼具5齿或二唇形，无盾片或突起；子房无柄。

  2.雄蕊上升或平展而直伸，不为平卧于花冠下唇上或包于其内。

    3.雄蕊2，药隔与花丝有关节相连成丁字形 ···················································· 鼠尾草属 *Salvia*

    3.雄蕊4，药隔与花丝无关节相连。

      4.花冠明显二唇形。

        5.后雄蕊比前雄蕊长，两对雄蕊平行上升于花冠上唇之下。

          6.叶先端多为钝圆 ································································· 活血丹属 *Glechoma*

          6.叶先端锐尖或短渐尖 ··························································· 龙头草属 *Meehania*

        5.后雄蕊比前雄蕊短。

          7.花萼二唇形；小坚果锐三棱形，顶端平截 ································· 益母草属 *Leonurus*

          7.花萼不为二唇形，萼裂片近同型，近等大。

            8.小坚果三棱形或近三棱形，顶端多为平截或近平截 ················· 野芝麻属 *Lamium*

            8.小坚果卵形或长圆形，顶端钝圆 ·········································· 水苏属 *Stachys*

      4.花冠近整齐。

        9.花萼二唇形，果期增大，俯垂 ···················································· 紫苏属 *Perilla*

        9.花萼通常整齐，果期不俯垂。

          10.前雄蕊能育，后雄蕊退化为丝状 ······································· 地笋属 *Lycopus*

          10.4个雄蕊均发育 ································································ 薄荷属 *Mentha*

  2.雄蕊下倾，平卧于花冠下唇上或包于其内；花冠下唇单一，全缘，上唇4浅裂，花冠下唇比上唇长 ················································································································· 香茶菜属 *Rabdosia*

# 黄芩属 *Scutellaria*

## 并头黄芩 *Scutellaria scordifolia* Fisch.ex Schrank

【关键特征】草本。叶长圆形，背面沿脉有微柔毛。花腋生，偏向一侧。花萼二唇形，具宽而钝的唇片，全缘，上唇具鳞片状盾片或囊状突起，被较密的短柔毛或长柔毛；花冠蓝紫色，外面被腺毛。小坚果椭圆形。

【生存环境】生于向阳草地、草坡、湿甸、住宅附近、田边、沙地、砾石地及山阳坡等处，较少见于山阴坡及林间。

【经济价值】全草入药，具清热解毒、泻热利尿等功效。

植株　茎、叶正面

叶背面　花单生于茎上部叶腋、偏向一侧　　果实，示宿萼上唇具囊状突起、4 小坚果

# 鼠尾草属 Salvia

## 一串红 *Salvia splendens* Ker Gawl.

【关键特征】一年生草本。单叶对生，卵形。轮伞花序2~6花，组成顶生假总状花序。花大，长4~4.5cm，花萼与花冠均二唇形，红色，有红色毛。小坚果椭圆形。

【生存环境】为庭院栽培的观赏植物。

【经济价值】观赏价值高，常用作花丛花坛的主体材料。

叶背面

花萼二唇形 | 植株

花的雌蕊、雄蕊均贴近上唇，柱头2裂、雄蕊2

花柄具毛

花药的杠杆状结构

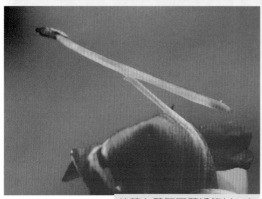

花药上臂与下臂近等长，上臂药室发育，下臂药室不育

4小坚果（未成熟）

成熟小坚果椭圆形、暗褐色，顶端具不规则的突起

# 活血丹 *Glechoma longituba*（Nakai）Kupr

【关键特征】多年生草本，具匍匐状四棱形茎，逐节生根。叶具柄，叶片心形或近肾形，边缘具圆齿。轮伞花序通常具2花，萼齿5，二唇形；花冠淡蓝色、淡紫色至淡蓝紫色，下唇伸长，3裂，中裂片大；两对雄蕊平行上升于花冠上唇之下。小坚果褐色。

【生存环境】生于林缘、林下、山坡及路旁。

【经济价值】全草入药，具有利湿通淋、清热解毒、散瘀消肿等功效。

株丛

轮伞花序通常具2花

花

## 龙头草属 *Meehania*

**荨麻叶龙头草** *Meehania urticifolia*（Miq.）Makino

【关键特征】多年生草本。茎直立，不育枝常伸长为柔软的匍匐茎。叶对生，有柄，叶片心形或卵状心形，基部心形，先端渐尖或急尖，边缘具疏或密锯齿或圆齿。轮伞花序或假总状花序，花梗被长柔毛。花萼钟形，花冠淡蓝紫色或蓝紫色，雄蕊4，内藏，平行上升于花冠上唇之下。小坚果卵状长圆形。

【生存环境】生于林下、山坡、山沟小溪旁。

植株

花序

果序

坚果被短柔毛

根

## 益母草属 *Leonurus*

### 益母草 *Leonurus artemisia*（Laur.）S. Y. Hu F

【关键特征】一年或二年生草本，茎单一。叶掌状分裂，叶裂片宽线形。花序上部叶全缘或具齿，花冠下唇与上唇近等长，粉红色或淡紫色。小坚果长圆状三棱形，先端平截。

【生存环境】生于野荒地、路旁、田埂、山坡草地、河边，以向阳处为多。

【经济价值】全草入药，治疗妇女月经不调、胎漏难产、胞衣不下等。

植株　　叶正面　　叶背面

茎四棱，叶对生　　轮伞花序　　花

花及雌蕊和雄蕊　　宿存花萼及小坚果　　小坚果长圆状三棱形、先端平截

# 野芝麻属 Lamium

## 野芝麻 *Lamium album* L.

【关键特征】多年生草本。茎具沟槽。叶片卵形，先端有长尾状尖。轮伞花序，花白色或淡黄色，花萼5齿，成锥状尖，与萼筒等长或稍长。花冠白色或浅黄色，冠檐二唇形。小坚果三棱形，有小突起。

【生存环境】生于林下、林缘、河边或采伐迹地等土质较肥沃的湿地。

【经济价值】全草入药，具凉血止血、活血止痛、利湿消肿等功效。

花序，示花药黑紫色

花萼5齿，裂片锥状尖

植株

# 水苏属 *Stachys*

华水苏 *Stachys chinensis* Bunge ex Benth.

【关键特征】草本。茎直立，棱上疏被倒生刺毛。叶对生，无柄或近无柄，叶片长圆状披针形至线形，边缘有小圆锯齿或近全缘。轮伞花序多轮，花萼钟形，被白色长毛，5齿裂，近相等，先端具刺尖，花冠紫红色或粉红色。小坚果卵状球形，黑褐色。

【生存环境】生于湿草地、河边及水甸子边等处。

【经济价值】可入药，常用于治疗感冒、扁桃体炎、咽喉炎、尿路感染、上消化道出血等。

植株

叶

茎节部具毛

根及根状茎

花正面

花萼宿存, 4小坚果, 坚果卵状球形、黑褐色

# 紫苏属 *Perilla*

## 紫苏 *Perilla frutescens*（L.）Britton

【关键特征】一年生草本。茎直立，具槽，密被长柔毛。叶广卵形，对生。轮伞花序，每轮2花；萼钟状，二唇形，果期增大；花冠白色、粉红色或粉紫色，冠檐近二唇形；雄蕊4，几不伸出花冠外，花柱先端相等2裂。小坚果球形，具网纹。

【生存环境】栽培。亦见于沟边、路旁。

【经济价值】食用与药用。入药，茎称紫梗，叶称苏叶，子称苏子、黑苏子、赤苏子。具散寒解表、理气宽中功效。

叶背面，示叶柄及叶脉被毛

叶正面

植株

花序

果序

茎四棱

花

雌蕊及花盘

雄蕊4，苞片宽卵圆形

成熟小坚果球形、黄褐色、具网纹

## 地笋属 *Lycopus*

### 地笋 *Lycopus lucidus* Turcz.ex Benth.

【关键特征】湿生草本。茎直立，通常单一。叶对生，具短柄或近无柄，叶片长圆状披针形，边缘具锐尖粗牙齿状深锯齿。轮伞花序，萼齿5，披针形或披针状三角形、具刺尖，花冠白色，不明显二唇形。雄蕊仅前对能育，超出于花冠；花柱伸出花冠，先端相等2浅裂，裂片线形。小坚果倒卵状三棱形。

【生存环境】生于林下、草甸、河沟、溪旁等湿地。

【经济价值】晚秋以后地下膨大的根状茎可食，为野菜珍品。地笋具有降血脂、通九窍、利关节、养气血等功能。

营养期植株

茎

轮伞花序

2 mm

# 薄荷属 *Mentha*

## 薄荷 *Mentha haplocalyx* Briq.

【关键特征】多年生草本。叶对生，卵形，边缘有锯齿。轮伞花序腋生，呈球形；花萼5齿、整齐；花冠近整齐、淡紫色，冠檐4裂；4雄蕊均发育，伸出花冠外；柱头2等裂，子房无柄。小坚果黄褐色。

【生存环境】生于水旁潮湿地。

【经济价值】全草入药，治流行性感冒、头疼、目赤、身热、咽喉、牙床肿痛等症。外用可治神经痛、皮肤瘙痒、皮疹和湿疹等。平常以薄荷代茶，清心明目。幼嫩茎叶可食用。

茎，示叶对生

根及根状茎

叶正面

叶背面

花序

植株

花

## 香茶菜属 *Rabdosia*

### 尾叶香茶菜 *Rabdosia excisa*（Maxim.）Hara

【关键特征】多年生草本。茎直立，四棱。叶对生，广卵形，先端凹缺，凹缺中有一尾状尖的长顶齿，叶边缘具粗大牙齿状锯齿。圆锥花序顶生或于上部叶腋生，由3～5花组成的聚伞花序形成，花冠蓝色、淡紫色或紫红色；雄蕊4，内藏；花柱丝状，先端相等2浅裂。小坚果卵状三棱形。

【生存环境】生于林缘、路旁、杂木林下和草地。

【经济价值】有清热解毒、健胃、活血之功效。

叶正面　花序　植株　根状茎木质

叶背面

茎

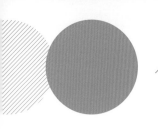

# 茄科 Solanaceae

**科重点特征** 叶互生，无托叶；花两性，辐射对称；花萼5裂，宿存；花冠合瓣，常5裂；雄蕊5，与花瓣互生；子房上位，2心皮，多2室，中轴胎座，胚珠多数；蒴果或浆果，花萼宿存。

花程式：$* K_{(5)}C_{(5)}A_5\underline{G}_{(2:2:\infty)}$

## 分属检索表

1.灌木；花单生或簇生，花冠漏斗状；浆果·······················································枸杞属 *Lycium*
1.草本，极稀半灌木。
  2.花集生于聚伞花序上，花序顶生、簇生或腋外生。
    3.单叶（仅马铃薯为羽状复叶）；花萼及花冠裂片5数；花药不向顶端渐狭·····················茄属 *Solanum*
    3.羽状复叶；花萼及花冠裂片5~7数；花药向顶端渐狭而成长尖头·····················番茄属 *Lycopersicon*
  2.花单生或2至数朵簇生于枝腋或叶腋。
    4.花萼在花后显著增大，完全包围果实。
      5.果萼贴近于浆果而不成膀胱状，无纵肋，有三角状肉质凸起 ·······················散血丹属 *Physaliastrum*
      5.果萼不贴近于浆果而成膀胱状，有显著10纵肋·····················酸浆属 *Physalis*
    4.花萼在花后不显著增大，不包围果实而仅宿存于果实的基部；花较小，花冠辐状，通常白色；浆果少汁液，形式各样，具空腔 ·····················辣椒属 *Capsicum*

## 枸杞属 *Lycium*

## 宁夏枸杞 *Lycium barbarum* L.

**【关键特征】**灌木。小枝有纵棱纹。单叶互生或簇生，长椭圆状披针形或披针形，基部楔形并下延成柄。花腋生，在短枝上则同叶簇生；花萼钟状，通常2中裂；花冠漏斗状，淡紫红色，裂片卵形，无缘毛；雄蕊及花柱稍伸出花冠。浆果红色；种子略肾形，扁，棕黄色。

**【生存环境】**适应温带干旱气候，喜深厚、肥沃土壤。

**【经济价值】**果实（中药称枸杞子）具养肝、滋肾、润肺等功效。枸杞叶补虚益精、清热明目。根皮（中药称地骨皮）有解热止咳之效用。

叶正面

叶背面

植株

老枝

浆果

小枝灰色有纵条纹 | 花侧面，示花腋生 | 花正面

雄蕊花丝的基部稍上处及花冠筒内壁生有一圈密绒毛 | 果横切，示子房2室 | 成熟种子，略成肾脏形、扁、棕黄色

／ **散血丹属** *Physaliastrum*

**日本散血丹** *Physaliastrum japonicum*（Franch.& Sav.）Honda

【**关键特征**】多年生草本。叶片卵形或广卵形，基部偏斜楔形并下延到叶柄。花常2～3朵生于叶腋或枝腋，俯垂；花萼短钟状；花冠钟状，白色，5浅裂，裂片具缘毛；雄蕊5。浆果球状，被增大的果萼包围，果萼有三角状肉质凸起。种子近圆盘形。

【**生存环境**】生于林下或河岸灌木丛、山坡草地。

植株

茎与花侧面

花正面，示筒部里面近基部有髯毛

未成熟浆果，示花萼具毛和肉质鳞片

## 酸浆属 *Physalis*

### 分种检索表

1.花冠白色；果熟时果萼橙红色至火红色，近革质 ……………………挂金灯 *Physalis. alkekengi* var.*francheti*

1.花冠淡黄色或黄色；果熟时果萼非红色，薄纸质 ………………………………毛酸浆 *Ph. pubescens*

## 毛酸浆 *Physalis pubescens* L.

【关键特征】一年生草本，全株密被短柔毛。叶片广卵形或卵状心形，基部歪斜心形。花单生于叶腋，直径 1～2cm。花萼钟状，密生柔毛，花冠黄色，喉部具紫色斑纹。果萼卵状，具5棱角和10肋；浆果球状。种子多数，近圆盘状。

【生存环境】多生于草地或田边路旁。

【经济价值】药食两用，其果实酸甜可口、营养丰富，有治疗咽喉肿痛的疗效。

植株　花正面，示花冠喉部具紫色斑纹

果萼成囊状　成熟果实　种子

【**关键特征**】一年生或多年生草本。叶片长卵形至广卵形。花单生叶腋，萼齿具缘毛；花冠5浅裂，具缘毛；雄蕊与花柱短于花冠，花药黄色；果熟时果萼膨胀成灯笼状，橙色或橙红色，具10纵肋。浆果球形，熟时橙红色；种子肾形，淡黄色。

【**生存环境**】生于林缘、山坡草地、路旁、田间及住宅附近。

【**经济价值**】果实可食。带宿萼的果实入药，具有清肺利咽、化痰利水之功效。

植株　叶背面

茎　花正面，示花冠白色　花侧面，示花冠具缘毛

未成熟果实，示果梗下弯　宿萼膨胀、熟时橙红色　成熟浆果橙红色

## 辣椒属 *Capsicum*

### 辣椒 *Capsicum annuum var.annuum* L.

【关键特征】一年生草本。单叶互生，叶片长圆状卵形、卵形或卵状披针形，基部楔形。花单生于叶腋或枝腋，花冠白色，花药灰紫色。浆果长指状，味辣。

【生存环境】农田、庭院，不耐旱也不耐涝。

【经济价值】为重要的蔬菜和调味品，种子油可食用、果亦有驱虫和发汗之药效。

植株

花正面，示花药浅蓝色

花背面

果实，示花萼宿存

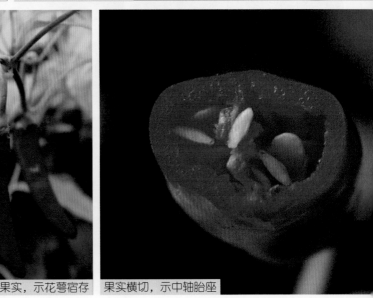

果实横切，示中轴胎座

## 茄属 Solanum

### 分种检索表

1.植株无刺；花药较短而厚。

  2.具地下块茎；叶为奇数羽状复叶，具大小相间的两种小叶；花序顶生 ························· 马铃薯 S. tuberosum

  2.无地下块茎；叶不分裂；花序腋外生 ························································ 龙葵 S. nigrum

1.植株有刺；花药长并在顶端延长 ···························································· 茄 S. melongena

## 马铃薯 Solanum tuberosum L.

【关键特征】草本，地下茎块状，扁球形或长圆形。奇数羽状复叶，具大小相间的小叶。伞房花序顶生；花冠辐状，白色或粉紫色。浆果圆球状。

【生存环境】农田种植，喜疏松透气、凉爽湿润。

【经济价值】块茎营养丰富，并含有丰富的膳食纤维，能促进胃肠蠕动。其还是和胃健中药和解毒消肿药。

植株 | 茎 | 叶背面

花，示柱头头状、花药长 | 花萼5裂，裂片披针形、先端长渐尖 | 浆果圆球状

# 龙葵 *Solanum nigrum* L.

【**关键特征**】一年生草本。叶互生，叶片卵形或近菱形，无毛，基部宽楔形，并下延至叶柄，全缘或具波状粗齿。蝎尾状花序腋外生，花萼绿色，浅杯状；花冠白色，5深裂；雄蕊5，花药黄色；花柱稍超出雄蕊。浆果球形，径约8mm，熟时黑色；种子近卵形，两侧压扁。

【**生存环境**】喜生于田边、荒地、住宅附近。

【**经济价值**】全株入药，可散瘀消肿、清热解毒；果治咳嗽、喉痛、失声。

花

花背面，示花萼5浅裂、裂片卵圆形

果序，示成熟和未成熟果实及宿存花萼

茎　植株

种子　根　成熟浆果

**茄** *Solanum melongena* L.

**【关键特征】**一年生草本，全株被星状柔毛。叶片卵形至长圆状卵形，基部偏斜，被星状毛。花冠辐状，紫色、淡紫色或白色；雄蕊5，聚合于花柱周围。果实长圆形、圆形，紫色或绿色，光滑，具增大的宿存萼。

**【生存环境】**农田。喜高温、光照强环境。

**【经济价值】**为常见栽培蔬菜品种。其营养丰富，可降血压、降低胆固醇，还可以吸收脂肪，起到减肥的作用。

植株

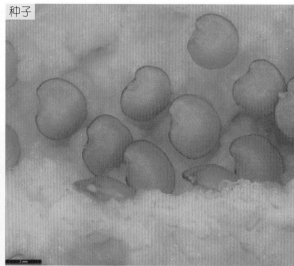

种子

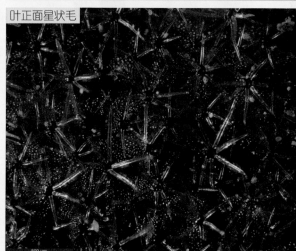

叶正面星状毛

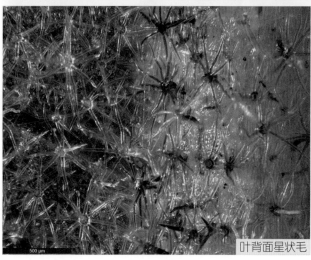

叶背面星状毛

能孕花单生

果实，示花萼宿存

## 番茄属 *Lycopersicon*

### 番茄 *Lycopersicon esculentum* Mill.

【关键特征】一年生草本，全株被柔毛及黏质腺毛，有强烈气味。叶互生，叶片为羽状复叶或羽状深裂。聚伞花序腋外生。花冠辐状，黄色，花药靠合成圆锥状。浆果扁球状、近球状或卵形。

【生存环境】农田种植，喜光、喜温、喜水。

【经济价值】为常见栽培蔬菜品种。其果实营养丰富，可生食、煮食或加工制成番茄酱、汁或整果罐藏。常食番茄对冠心病和肝脏病人有辅助治疗的作用。

植株

叶正面

叶背面

花序，示花裂片卵状披针形

花正面，示花瓣合生

浆果具宿存花萼，萼裂片线状披针形

果实横切，示中轴胎座

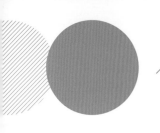

# 玄参科 Scrophulariaceae

**科重点特征** 多草本；叶多对生，单叶或羽状分裂；花两侧对称，两性，二唇状；花萼4～5裂，宿存；2强雄蕊；子房上位，2心皮，2室，中轴胎座，胚珠多数；蒴果或浆果。

花程式：$\uparrow$ 稀 $* K_{4-5,(4-5)} C_{(4-5)} A_{4 稀 2,5} \underline{G}_{(2:2)}$

## 分属检索表

1. 雄蕊2，无退化雄蕊；花冠裂片多为4，稀3，辐射对称或近二唇形。
 2. 花冠筒长，裂片比筒短；萼齿5 ························································· 腹水草属 *Veronicastrum*
 2. 花冠筒短，裂片比筒长；萼齿通常4，稀5则有1极小而退化 ················· 婆婆纳属 *Veronica*
1. 雄蕊4，如2则在花冠前方有2退化雄蕊；花冠明显二唇形，下唇3裂，上唇2裂或全缘，或檐部5裂、几成辐射对称，花冠上唇向前方弓曲成盔状 ································································· 山罗花属 *Melampyrum*

## 腹水草属 *Veronicastrum*

## 草本威灵仙 *Veronicastrum sibiricum*（L.）Pennell

【关键特征】草本。叶（3）4～8（9）枚轮生，广披针形、长圆状披针形或倒披针形，长8～13cm、宽1.5～4cm，边缘有三角状锯齿。穗状花序顶生，花冠筒内面被毛，花冠顶端4裂，花紫红色或淡紫色；雄蕊2。蒴果卵形，4瓣裂；种子椭圆形。

【生存环境】生于路边、林边草甸子、山坡草地及灌丛中。

【经济价值】可用于园林观赏。全草入药，具祛风除湿、清热解毒等功效，主治风热感冒、咽喉肿痛、腮腺炎、风湿痹痛、虫蛇所伤。

植株，示果序       茎及轮生叶背面      根 花序

# 婆婆纳属 *Veronica*

## 北水苦荬 *Veronica anagallis-aquatica* L.

【关键特征】水生或沼生草本。叶对生，无柄或具短柄，稍抱茎，叶片卵形或卵状披针形。总状花序，花梗与花序轴成锐角，花冠淡蓝色稍带紫色条纹或白色。蒴果近圆形。

【生存环境】生于水边湿地及沼地。

【经济价值】嫩茎叶可食用。可入药，清热利湿、止血化瘀，治感冒、喉痛、劳伤咳血、痢疾、月经不调、疝气、疔疮、跌打损伤等症。

植株　茎，示叶对生

根　叶背面　果序　花序

山罗花属 *Melampyrum*

# 山罗花 *Melampyrum roseum* Maxim.

【关键特征】草本。茎近四棱形。叶片卵状披针形至披针形，对生。总状花序；花萼钟状；花冠紫红色至蓝紫色，二唇形；雄蕊4，2强。蒴果卵状。

【生存环境】生于疏林下、山坡灌丛及高草丛中。

【经济价值】全草可药用，具清热解毒之功效。根有清凉之效。

植株

总状花序　　　　　花，示上唇边缘密生须毛　　　　　叶背面　　　　　叶正面

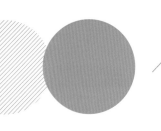

# 透骨草科 Phrymaceae

| 科重点特征 | 草本。茎四棱。单叶对生，无托叶。总状花序细长；花两性，左右对称；萼齿5，上唇3个萼齿先端呈钩状反曲；花冠唇形；2强雄蕊，内藏。瘦果。 |
|---|---|

花程式： $\uparrow K_{(5)} C_{(5)} A_4 \underline{G}_{(2:1:1)}$

## 透骨草属 Phryma

## 透骨草 Phryma leptostachya L.subsp.asiatica（Hara）Kitamura

【关键特征】多年生草本。茎具4棱，节部稍膨大。叶对生，叶片卵形、广卵形或三角状卵形，边缘具粗锯齿。总状花序细长，花萼筒状，上唇3裂片刺芒状，先端向后钩曲；花冠白色，常带淡紫色，檐部2唇形；2强雄蕊；瘦果包于宿存萼内，贴近花轴。

【生存环境】生于山坡林下、路旁及沟岸阴湿处。

【经济价值】全草入药，治感冒、跌扑损伤，外用治毒疮、湿疹、疥疮等症。根含透骨草醇乙酸酯，全草水煎后可用于杀虫。

植株　　花序　　节部膨大　　果序　　根

# 车前科 Plantaginaceae

**科重点特征** 草本。单叶基生，无托叶。穗状花序，花萼4裂；花两性，花冠合瓣、干膜质，3～4裂；雄蕊4；2心皮合生；子房上位，1～4室，每室有胚珠1至多颗。蒴果盖裂。

花程式：$*K_{(4)}C_{(3-4)}A_4\underline{G}_{(2:1-4:1-\infty)}$

## 车前属 Plantago

### 分种检索表

1.通常无主根，须根发达。
  2.花具短梗，种子4～9，长1.5～2mm ·················· 车前 P.asiatica
  2.花无梗，种子10～16（20），长0.8～1.2mm ·················· 大车前 P.major
1.主根明显，圆柱形 ·················· 平车前 P.depressa

## 车前 Plantago asiatica L.

【关键特征】多年生草本，无主根，须根发达。叶基生，叶片卵形。穗状花序圆柱形，每花具短梗。蒴果；种子4～9，卵状椭圆形或椭圆形，长1.5～2mm。

【生存环境】生于田间、路旁、草地、河岸、沙质地、水沟边等潮湿地。

【经济价值】幼苗可食。全草入药，具有祛痰、镇咳、平喘等功效。

植株，示根须状

穗状花序放大

萼片边缘白膜质，花冠筒状，先端4裂

果序

花，具苞片1，花药4

蒴果盖裂、种子长圆形

【关键特征】多年生草本。无主根，须根发达。叶成丛基生。穗状花序圆柱形，花无梗，花冠筒状，雄蕊4，通常初为淡紫色，雌蕊1，雄蕊与花柱明显外伸。蒴果卵圆形，种子10～16（20），长0.8～1.2mm，棕色或棕褐色。

【生存环境】生于田间路旁、草地、水沟等潮湿地。

【经济价值】全草和种子均可入药，具有清热利尿、祛痰、凉血、解毒功能。

花

花序，示小花的雌蕊先成熟、雄蕊花药初期为紫色

叶背面

植株

根　果序

开裂蒴果及种子

## 平车前 *Plantago depressa* Willd.

【关键特征】多年生草本，主根圆柱形。叶基生，嫩叶毛较密。穗状花序；花冠白色，雄蕊同花柱明显外伸。蒴果卵状圆形，盖裂，种子4～5，椭圆形，腹面平坦，黄褐色至黑色，长1～2mm。

【生存环境】生于田间路旁、草地沟边。

【经济价值】幼苗可食。全草入药，具有利尿、清热、明目、祛痰功效。

植株

花序部分放大

蒴果

示主根明显

蒴果盖裂，示种子

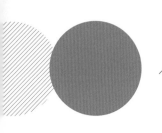

# 忍冬科 Caprifoliaceae

**科重点特征** 灌木；叶对生，单叶或羽状复叶；花两性，5基数，花萼筒与子房合生；子房下位；多为浆果。

花程式：$*, \uparrow K_{(4-5)} C_{(4-5)} A_{4-5} \overline{G}_{(2-5:1-5:1-\infty)}$

## 分属检索表

1. 奇数羽状复叶，揉后有臭味 ·························································· 接骨木属 *Sambucus*
1. 单叶，常无臭味。
　2. 花冠辐射对称，辐状，若为钟状或筒状，则花柱极短，核果，具1颗种子 ·············· 荚蒾属 *Viburnum*
　2. 花冠两侧对称，若为辐射对称，则具较长的花柱。
　　3. 浆果，花总梗上常并生2花，稀1花，2花的萼筒常多数合生 ······················ 忍冬属 *Lonicera*
　　3. 蒴果，1至数朵腋生，相邻2花的萼筒分离 ······························· 锦带花属 *Weigela*

# 锦带花属 *Weigela*

## 分种检索表

1. 幼枝常有狭棱；叶背面中脉上被白柔毛，叶通常椭圆形，叶柄明显·····························
　·············································· 红王子锦带 *Weigela florida* cv. Red Prince
1. 幼枝无棱；叶背面中脉上被直茸毛，叶通常倒卵形，基部楔形，叶柄极短或近无柄 ········· 早锦带花 *W. praecox*

## 早锦带花 *Weigela praecox*

　**【关键特征】** 灌木。单叶对生，叶常倒卵形，基部楔形，叶柄极短或近无柄，叶背面中脉上被直茸毛。聚伞花序，花冠漏斗状钟形，粉紫色、粉红色或带粉色；雄蕊5；花柱细长。蒴果；种子细小。

　**【生存环境】** 生于山坡石砬子上。

　**【经济价值】** 优良的园林绿化观赏植物。

植株

叶正面

叶背面

花序

花

果实（未成熟）

开裂蒴果内遗留有一个中柱

为锦带花（*W.florida*）的栽培变种。

**【关键特征】**落叶灌木。单叶对生，叶背面被白柔毛，叶常椭圆形，叶柄明显。聚伞花序生于叶腋或枝顶；花冠漏斗状钟形，鲜红色。

**【生存环境】**喜光耐干旱，为常见园林绿化植物。

**【经济价值】**花色艳丽，花期长，观赏性佳。

植株

叶柄明显

幼枝常有2条棱，有短柔毛

叶对生　花正面

花侧面

## 接骨木属 *Sambucus*

接骨木 *Sambucus williamsii* Hance

【关键特征】落叶小乔木或灌木，花序轴、分枝、小花梗均无毛。奇数羽状复叶，对生，小叶5～7（11），小叶常中、上部最宽，基部楔形。圆锥花序伞形，大型，分枝粗壮，向上斜展，疏花，花白色。浆果状核果，近球形，红色或红黑色；核2～3，卵形至椭圆形。

【生存环境】生于林下、灌丛或平地路旁。

【经济价值】具园林观赏价值。种子可榨油。

叶正面

花序

植株

幼茎，示叶对生　　花放大，示花冠裂片外反、雄蕊5、雌蕊1　　果序（果实未成熟）　　成熟果实

## 荚蒾属 *Viburnum*

### 分种检索表

1. 花全为孕性花；叶不分裂，有星状毛⋯⋯⋯⋯⋯⋯⋯⋯⋯⋯⋯⋯⋯⋯⋯⋯⋯ 修枝荚蒾 *V. burejaeticum*

1. 花有不孕性花与孕性花；叶通常3裂，无星状毛⋯⋯⋯⋯⋯⋯⋯⋯⋯⋯⋯⋯⋯ 鸡树条 *V. opulus*

## 鸡树条 *Viburnum opulus* L. var. *calvescens*（Rehder）H. Hara

【关键特征】灌木。单叶对生，呈3裂，有明显的掌状三出脉。花有不孕性花与孕性花。浆果状核果，球形，鲜红色；核扁，近圆形。

【生存环境】生于山谷、山坡或林下。

【经济价值】园林绿化应用较多。种子可榨油。

叶背面，示掌状三出脉

植株　幼枝，示叶对生

可孕花解剖，示花冠、雄蕊和雌蕊

叶柄有腺体

花序　不孕花与可孕花

未成熟果序

成熟果实

成熟核果、扁圆形

# 修枝荚蒾 *Viburnum burejaeticum* Regel & Herd.

【关键特征】灌木。单叶对生，叶片卵圆形、卵状椭圆形，叶柄有星状毛。聚伞花序；萼齿三角形；花白色，花冠钟状，具5裂片。核果椭圆形至长圆形，长约1cm，成熟后蓝黑色；核扁，矩圆形。

【生存环境】生于山坡或河流附近的杂木林中。

【经济价值】可用于园林绿化。

叶正面

植株　叶背面

幼枝和叶柄具星状毛

果序（果实未成熟），示核果长圆形

花序

## 忍冬属 *Lonicera*

### 分种检索表

1. 叶基部常楔形；相邻两果离生 ·············································金银忍冬 *L.maackii*
1. 叶基部近圆形；果基部连合 ············································ 长白忍冬 *L.ruprechtiana*

## 金银忍冬 *Lonicera maackii*（Rupr.）Maxim.

【关键特征】落叶灌木。叶基部楔形。花成对，后叶开放。花梗较短，花先白色、后变黄色。相邻两果离生，浆果红色。

【生存环境】生于山坡林缘。

【经济价值】观赏性强，园林绿化常用。花可提取香精，种子可榨油制肥皂。

植株

花枝，示花先白色、后变黄色

叶背面

果实

花

种子

【关键特征】落叶灌木。叶对生，有短柔毛，叶片长圆状倒卵形至披针形，叶基部广楔形或近圆形。花梗长1～2cm，花白色、后变黄色。果红色，相邻两果基部连合；种子椭圆形，棕色，有细凹点。

【生存环境】生于山坡、林缘。

【经济价值】具园林绿化观赏价值。

枝叶正面

枝叶背面

植株

叶背面有短柔毛

花蕾，示小苞片卵圆形，长为子房之半

花

相邻两果基部连合

成熟果实

种子

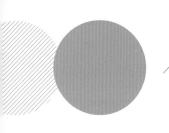

# 桔梗科 Campanulaceae

| 科重点特征 | 草本，常有乳汁；单叶互生、对生，稀轮生；花两性，常5数；花冠常钟状或管状；花药聚合成管状或分离；子房下位或半下位，2～5室；蒴果。 |
|---|---|

花程式：$*, ↑ K_{(5)} C_{(5)} A_5 \bar{G}_{(2-5:2-5:\infty)}$

## 分属检索表

1. 蒴果顶端瓣裂；茎缠绕细长；叶缘具不明显的微波状齿或全缘；雌蕊柱头裂片较宽，长圆形或卵形 ································································ 党参属 Codonopsis
1. 蒴果于侧面开裂。
　2. 花柱基部无花盘；萼裂片间常有向后反折的附属体 ······················ 风铃草属 Campanula
　2. 花柱基部有筒状或环状的花盘；萼裂片平坦 ······························ 沙参属 Adenophora

## 党参属 Codonopsis

### 轮叶党参 Codonopsis lanceolata (Siebold & Zucc.) Benth. & Hook. f. ex Trautv.

【关键特征】多年生草本，具白色乳汁及特殊气味。根肉质肥大。茎缠绕细长，分枝上的叶常2～4枚集生于枝端，披针形或狭卵形。花单生或2～3朵生于分枝顶端，花萼裂片5，花冠广钟形，5浅裂，裂片三角形，黄绿或乳白色，内有紫色斑点或带紫色；雄蕊5，花柱短，柱头三裂。蒴果扁圆锥形，具宿存花萼。

【生存环境】生于山地灌木林下沟边阴湿地区或阔叶林内。

【经济价值】可入药，具益气养阴、润肺止咳、排脓解毒、催乳等功效。由于采挖过度，资源严重不足。

肉质根

叶

花，示花冠广钟形，花瓣黄绿色，带紫斑

雄蕊5

蒴果，示花萼裂片5、宿萼

植株

雌蕊柱头3裂

# 沙参属 *Adenophora*

## 分种检索表

1. 叶部分轮生或轮生状，部分对生或互生，无柄；花序分枝互生或最下部分枝成轮生状。
  2. 叶片长7～9（11）cm，宽2～4（5）cm；花柱伸出花冠 ………………………… 长白沙参*A.pereskiifolia*
  2. 叶片长3～5（10）cm，宽0.5～1.5（2）cm；花柱短于花冠 ……………………… 北方沙参*A.borealis*
1. 叶互生，明显具柄；花序分枝不轮生；萼裂片长7～9mm，花柱短于花冠或稍伸出 …… 薄叶荠苨*A.remotiflora*

## 长白沙参 *Adenophora pereskiifolia*（Fisch.ex Schult.）G.Don

【关键特征】多年生草本，有白色乳汁。茎直立，单一。茎生叶3～5枚轮生，多为椭圆形、菱状倒卵形或狭倒卵形。圆锥花序较窄，花序分枝互生，斜上，稀二条相对或数条轮生于花序轴基部。花冠蓝紫色或淡蓝紫色，漏斗状钟形；雄蕊5，花丝基部扩展，边缘密生绒毛；花柱有毛，上部膨大，超出花冠。蒴果；种子棕色，椭圆状，稍扁。

【生存环境】生于山坡、林缘、森林灌丛或林间草地。

【经济价值】根入药，具养阴清热、润肺化痰、益胃生津等功效。

花序

花，示花柱超出花冠、柱头3裂

叶轮生

根具横皱纹

植株

花丝基部扩展、边缘密生绒毛；花柱上部膨大

# 北方沙参 *Adenophora borealis* D.Y.Hong & Y.Z.Zhao

【关键特征】多年生草本。根胡萝卜状。叶无柄，多数叶轮生于茎中、下部，少数互生于茎端。花序圆锥状或假总状；花冠蓝色或蓝紫色，钟状；花柱稍短于花冠。种子椭圆状。

【生存环境】生于山坡、林缘、草丛间。

【经济价值】同长白沙参。

植株 | 根胡萝卜状

【关键特征】多年生草本，有白色乳汁。根胡萝卜状。茎单生、直立。叶质薄而软，叶基部常圆形、楔形或浅心形，具柄。花序圆锥状。花冠钟状，蓝色、蓝紫色或白色，长不超过3cm；花柱与花冠近等长。蒴果；种子黄棕色，稍扁。

【生存环境】生于林缘、林下或草地中。

【经济价值】根入药，具润燥化痰、清热解毒之功效。

花序

植株　叶正面　　　　叶背面　　　　花柱与花冠近等长

## 风铃草属 *Campanula*

### 紫斑风铃草 *Campanula punctata* Lam.

【关键特征】多年生草本，全株被刺状软毛。茎直立，叶片心状卵形，叶柄具翼。花萼裂片披针状狭三角形，有芒状刺毛；花冠白色，具紫色斑点，钟形，裂片有睫毛；雄蕊5；花柱柱头3裂。蒴果；种子灰褐色，矩圆状，稍扁。

【生存环境】生于山地林中、林缘、灌丛或草丛中。

【经济价值】全草入药，主治咽喉炎、头痛等症。

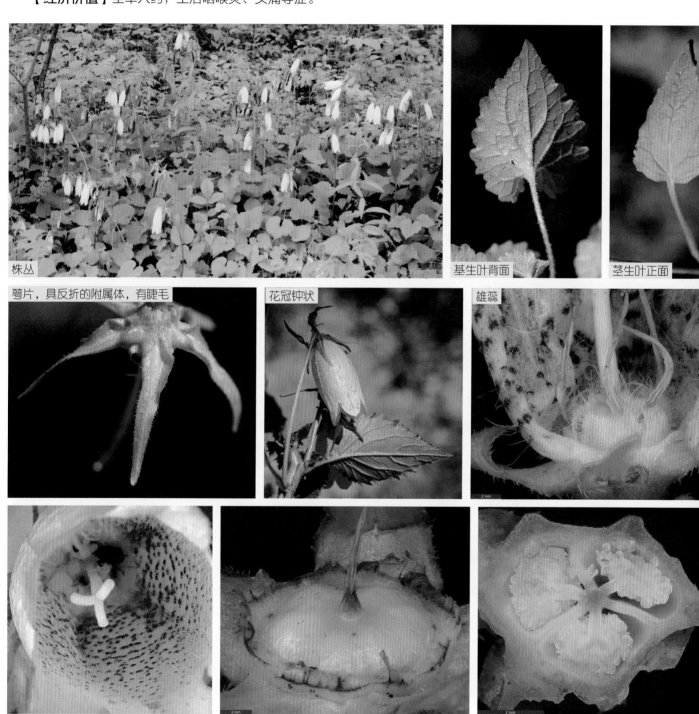

株丛

基生叶背面

茎生叶正面

萼片，具反折的附属体，有睫毛

花冠钟状

雄蕊

花冠内部具紫色斑点、多毛；雌蕊柱头3裂

子房

子房横切，示子房3室、胚珠多数

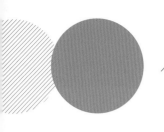

## 菊科 Compositae

**科重点特征** 草本，有的有乳汁；叶互生，少对生或轮生；头状花序，外有1层或数层总苞组成的总苞片；花萼退化为冠毛状、鳞片状或缺如；花冠管状或舌状；雄蕊5，聚药雄蕊；子房下位，2心皮1室1胚珠；花柱单一，柱头2裂；瘦果。

花程式：$*, ↑ K_{0-∞} C_{(3,5)} A_{(5)} \bar{G}_{(2:1:1)}$

### 分亚科及分族检索表

1.头状花序花同型或异型，中央花不为舌状；植物无乳汁（Ⅰ.管状花亚科 Carduoideae）。
  2.花药基部钝或微尖。
    3.花柱分枝通常一面平一面凸，先端有尖或三角形附片，有时先端钝；叶互生 ····················紫菀族 Astereae
    3.花柱分枝先端截形，无附片或有尖或三角形附片，有时花柱分枝钻形。
      4.无冠毛或冠毛鳞片状、芒状或冠状。
        5.总苞片叶质。
          6.花序托通常有托片；叶通常对生 ····················· 向日葵族 Heliantheae
          6.花序托无托片；叶互生 ····························· 堆心菊族 Helenieae
        5.总苞片全部或边缘干膜质；头状花序盘状或辐射状；花托无托片；叶互生····· 春黄菊族 Anthemideae
      4.冠毛毛状，头状花序盘状或辐射状 ···························· 千里光族 Senecioneae
  2.花药基部锐尖、戟形或尾状。
        7.头状花序的管状花浅裂，不为二唇形，边缘有舌状花；冠毛通常毛状，有时无冠毛 ····················
        ········································旋覆花族 Inuleae
        7.头状花序盘状或辐射状，花瓣不规则深裂或为二唇形，或边花舌状；冠毛糙毛状或羽毛状········
        ······································· 帚菊木族 Mutisieae
1.头状花序全部为舌状花，舌片先端5齿裂；花柱分枝细长线形，无附片；植物有乳汁；叶互生（Ⅱ.舌状花亚科 Cichorioideae）································································菊苣族 Latuceae

## 管状花亚科 Carduoideae

**亚科特征** 头状花序全部为同型两性的管状花，或边缘的小花假舌状、漏斗状，植物无乳汁。

花程式：$*K_{(5)} C_{(5)} A_{(5)} \bar{G}_{(2:1)}$

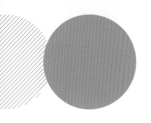

## 紫菀族 Astereae

### 分属检索表

1.总苞片外层叶状、大，内层膜质；冠毛2层，外层膜质，环状，内层毛状··························翠菊属 *Callistephus*
1.总苞片外层非叶状，冠毛1或多层。
  2.舌状花及管状花冠毛均为膜片状··················································马兰属 *Kalimeris*
  2.冠毛毛状等长或不等长，或舌状花冠毛膜片状。
    3.总苞片多层，覆瓦状排列，或2层，近等长；舌状花1层，花柱先端附片披针形。
      4.瘦果圆柱形，两端稍狭，具5条纵肋；冠毛毛状，多数··············东风菜属 *Doellingeria*
      4.瘦果长圆形或卵形，稍扁，瘦果有边肋；冠毛2层，外层毛状或膜片状，内层糙毛状·········紫菀属 *Aster*
    3.总苞片2~3层，狭；舌状花多层；花柱先端附片短三角形 ·····················飞蓬属 *Erigeron*

### 翠菊属 *Callistephus*

翠菊 *Callistephus chinensis*（L.）Nees

【关键特征】一年生草本。茎直立，具条棱。叶片卵状菱形、卵形或长圆状卵形，边缘具粗大牙齿和缘毛。头状花序单生于茎顶，径2~6cm；总苞半球形，总苞片外层叶状，长圆形；边花雌性，舌状，1至多层，花瓣有浅白、浅红、蓝紫等色；中央花管状钟形，黄色。瘦果倒卵形。

【生存环境】生于山坡草地、沟边、撂荒地或疏林阴地。亦常有栽培。

【经济价值】优良观赏性植物。

花   苞片

茎中部叶背面

植株　茎下部叶正面

茎　　　　果序　果实

# 马兰属 *Kalimeris*

## 裂叶马兰 *Kalimeris incisa* (Fisch.) DC.

【关键特征】多年生草本。茎直立，有条棱。茎生叶互生，叶边缘疏具缺刻状裂片或裂齿。头状花序单生于枝端；总苞片3层，覆瓦状排列，外层较短；舌状花1层，蓝紫色；管状花黄色。瘦果扁倒卵形。

【生存环境】生于河岸、林阴处、灌丛中及山坡草地、湿草地。

【经济价值】幼苗及嫩叶可食，富含胡萝卜素、维生素、钙等营养成分。食用可清热去火，增强人体免疫力。可入药，具有凉血止血、清热利湿、解毒消肿的功效。

叶正面

叶背面

根

茎

植株

花

花背面，示总苞片

## 东风菜属 *Doellingeria*

东风菜 *Doellingeria scabra*（Thunb.）Nees

【关键特征】多年生草本。基生叶心形，基部下延至柄成翼，先端锐尖，边缘具粗锯齿状锐齿。茎中部叶卵状三角形。头状花序多数，排列成开展的复伞房花序。总苞半球形，总苞片3层，覆瓦状排列；舌状花白色，管状花黄色。瘦果圆柱形。

【生存环境】生于山谷坡地、草地和灌丛中。

【经济价值】在浙江民间被应用于治疗蛇毒。据李时珍《本草纲目》记载，此植物"主治风毒壅热、头痛目眩、肝热眼赤"。

茎生叶背面

基生叶

茎

根

花侧面，示苞片

花葶 花

植株

## 紫菀 *Aster tataricus* L. f.

【关键特征】多年生草本。基生叶莲座状及茎下部叶有长柄，叶片倒卵形、倒卵状披针形或匙状长圆形。茎生叶叶片匙状长圆形或匙状披针形，基部下延至柄成翼，先端渐尖，边缘具粗大锯齿。头状花序多数，排列成伞房状或复伞房状。总苞片3层，线形或线状披针形；边花舌状，淡紫色至蓝紫色，管状花黄色。瘦果倒卵形；冠毛污白色或带红色。

【生存环境】生于河岸草地、草甸、山坡及林间。

【经济价值】可入药，具消痰止咳之功效。

花的苞片多层且覆瓦状排列　苗期植株

茎生叶　根及根状茎

繁殖期植株　花序　花

# 飞蓬属 *Erigeron*

## 分种检索表

1. 舌状花长8mm ·········································································· 一年蓬 *E. annuus*

1. 舌状花长2.5mm ·········································································· 小飞蓬 *E. canadensis*

## 一年蓬 *Erigeron annuus*（L.）Pers.

【关键特征】草本，全株疏被粗毛。茎直立。叶片长圆形或广卵形，基部下延至柄成翼，边缘具齿；茎中上部叶渐无柄。头状花序半球形，径1～1.5cm，多数。总苞片3层，近等长，披针形，背面密被具节长毛；边花雌性，舌状，白色或淡蓝色，长8mm，冠毛极短，膜片状连成小冠；两性花的冠毛2层，外层鳞片状。瘦果长圆形。

【生存环境】生于林下、林缘、路旁及山坡耕地旁等处。

【经济价值】可入药，具消食止泻、清热解毒、截疟等功效。茎、叶水提物有降血糖作用。

植株

舌状花雌性；管状花两性

花蕾，示总苞背面密被长毛

花序

头状花序正面

头状花序背面

# 小飞蓬 *Erigeron canadensis* (L.) Cronq.

**【关键特征】**一年生草本。茎直立，疏被长硬毛。叶互生，密集，披针形。头状花序多数，径5～6mm；舌状花长2.5mm，白色；管状花黄色。瘦果长圆状倒卵形，冠毛1层。

**【生存环境】**生于荒地、田边、路旁等处。

**【经济价值】**全草或鲜叶入药，具清热利湿、散瘀消肿等功效。

植株

圆锥花序

茎

叶背面

叶正面

叶基部渐狭成柄，有长缘毛

头状花序，苞片边缘白色膜质

管状花与舌状花

果序

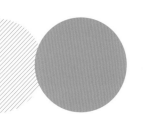
## 分属检索表

1.头状花序盘状，花同型，雌雄异株，稀异型，同株；花柱不分枝，先端2浅裂；冠毛基部连合成环状 ………………………………………………………………………………… 火绒草属Leontopodium

1.头状花序辐射状或盘状，花异型或仅有同型的两性花，雌雄同株。

  2.有冠毛，冠毛毛状；头状花序辐射状，雌花舌状，黄色 ……………………………… 旋覆花属Inula

  2.无冠毛；头状花序盘状，雌花管状。

    3.两性花结实，雌花多层；瘦果有纵肋，先端具喙 ……………………………… 天名精属Carpesium

    3.两性花不结实，雌花1层；瘦果无纵肋，先端无喙 ……………………………… 和尚菜属Adenocaulon

/ 火绒草属 *Leontopodium*

## 火绒草 *Leontopodium leontopodioides*（Willd.）Beauverd

【关键特征】多年生草本，全株密被灰白色绵毛。叶密生，线形或线状披针形。头状花序3～4（7）紧密集成团伞状或单生，通常雌雄异株；苞叶1～4，线形或狭披针形，雄株苞叶多少开展成苞叶群，雌株苞叶多少直立；总苞片约4层，常狭尖；雌花花冠丝状，雄花管状漏斗形；雄花冠毛有锯齿或毛状齿；雌花冠毛有微齿。瘦果长椭圆形，黄褐色。

【生存环境】生于干旱草原、黄土坡地、石砾地、山区草地，稀生于湿润地，极常见。

【经济价值】珍贵花卉，适用于岩石园栽植或盆栽观赏。药用，具有清热凉血、益肾利水的功效。

茎与叶　　花序　根

植株，示茎丛生

果序，示总苞片背面密被灰白色短绒毛

叶背面

叶正面

果序及总苞片

# 旋覆花属 *Inula*

## 线叶旋覆花 *Inula linariaefolia* Turcz.

**【关键特征】**多年生草本。茎直立，常带紫红色。叶线状披针形，基部渐狭，无小耳。头状花序排列成伞房状聚伞花序；总苞片4层，线状披针形；边花黄色。瘦果圆柱形，冠毛1层，白色。

**【生存环境】**生于沟边湿地、低湿草地、林缘湿地、草甸、路旁及山沟等处。

**【经济价值】**根入药，具健脾和胃、调气解郁、止痛安胎等功效。

植株

叶正面

叶背面

总苞

**天名精属** *Carpesium*

**大花金挖耳** *Carpesium macrocephalum* Franch.& Sav.

【关键特征】多年生草本。茎下部叶大，叶片长卵形、卵形或卵状楔形，长30～40cm、宽10～13cm，有翼状长柄。头状花序单生于茎顶或分枝顶端，花期下垂，总苞大，长1cm。瘦果。

【生存环境】生于混交林下或林缘。

【经济价值】全草入药，具凉血、散淤、止血等功效，用于跌打损伤、外伤出血。

植株

叶

果实

花序

## 和尚菜属 *Adenocaulon*

和尚菜 *Adenocaulon himalaicum* Edgew.

【关键特征】草本。茎直立，有沟槽，上部被灰白色蛛丝状绒毛。叶互生，茎下部叶有长柄，叶片肾形、卵状心形或三角状心形，基部下延至柄成宽翼，背面密被灰白色蛛丝状绒毛。头状花序半球形，花序枝密被腺毛及绒毛；总苞片革质，1层；边花雌性，1层，白色；中央管状花两性。瘦果棒状倒卵形或长椭圆状倒卵形。

【生存环境】生于林缘路旁、林下、灌丛中、林下溪流旁、河谷湿地，在干燥山坡亦有生长。

【经济价值】可入药，具有止咳平喘、活血散瘀、利水消肿的功效。

花期植株

营养期植株，示叶柄下延

花序

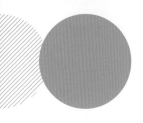

# 向日葵族 Heliantheae

## 分属检索表

1.头状花序花同型单性，雌雄同株，雌花无花冠；雌头状花序总苞片结合呈坚果状，外被钩刺或刺尖，内具2花；雄头状花序总苞片分离或合生。

  2.雄头状花序总苞片1～2层；雌头状花序总苞具多数钩刺，具2花；叶互生 ·····················苍耳属 *Xanthium*

  2.雄头状花序总苞片合生；雌头状花序总苞具1列钩刺或疣，具1花；叶互生或对生 ············豚草属 *Ambrosia*

1.头状花序异型；雌花花冠舌状或管状，有时雌花不存在而头状花序具同型的两性花。

  3.无冠毛或冠毛同型，为芒状或短冠毛状。

    4.瘦果近圆柱形，具3～5棱或为两侧压扁。

      5.瘦果为内层总苞片所包围，外层总苞片5，肉质，开展，密被腺毛；头状花序小；舌状花结实；瘦果倒卵状圆柱形，具4棱；无冠毛 ·····················稀莶属 *Siegesbeckia*

      5.内层总苞片不包围瘦果；头状花序大；舌状花不结实；瘦果长圆形、倒卵形或楔形；冠毛膜片状 ·······
··················································································································向日葵属 *Helianthus*

    4.瘦果背部压扁；冠毛为2～4硬刺芒，刺芒具小倒刺 ·····················鬼针草属 *Bidens*

  3.冠毛异型，舌状花冠毛毛状，管状花冠毛膜片状；瘦果倒圆锥状 ·····················牛膝菊属 *Galinsoga*

## 苍耳属 *Xanthium*

## 苍耳 *Xanthium sibiricum* Patrin ex Widder

【关键特征】一年生草本。茎直立、具棱。叶片三角状广卵形或心形，全缘或边缘为3～5不明显浅裂或具不整齐的齿，基出3脉。雄头状花序球形或卵形；雌花序在雄花序下部，卵形；总苞片2层，结合成囊状，密被或疏被钩状刺，刺细，长不超过2mm，基部稍膨大，总苞成熟时坚硬，长9～12mm、宽4～7mm。瘦果倒卵形。

【生存环境】常见于田间、路旁、荒山坡、撂荒地以及住宅附近。

【经济价值】植株可作猪饲料。茎皮纤维可作麻袋、麻绳。苍耳子油是一种高级香料的原料，并可作油漆、油墨及肥皂硬化油等。植株制作的悬浮液可防治蚜虫。果实可入药。

叶正面 | 叶背菌，示基出3脉 | 果实

花期植株　　花序，示雄花序在上、雌花序在下

2 mm

雄头状花序　　雌花序，花柱由总苞喙中伸出

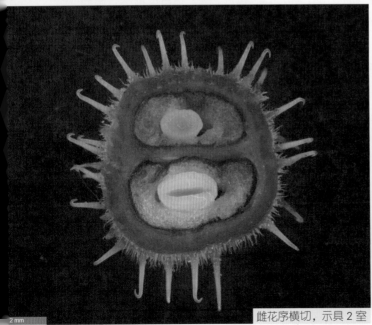
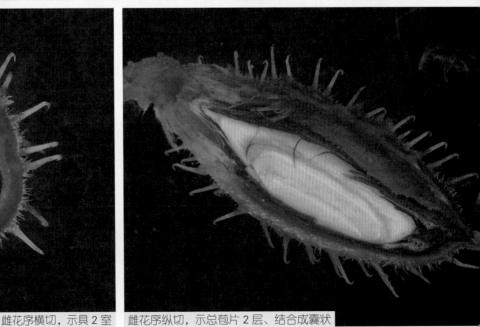

2 mm

雌花序横切，示具2室　　雌花序纵切，示总苞片2层、结合成囊状

# 豚草属 *Ambrosia*

## 豚草 *Ambrosia artemisiifolia* L.

【关键特征】一年生草本。茎下部叶对生；叶片 1 ~ 2 回羽状分裂，裂片线形。雄头状花序顶生，半球形或卵形，集生成总状；花托具刚毛状托片，每个头状花序有 10 ~ 15 个不育的小花，花冠淡黄色；雌头状花序在雄花序下或茎下部叶腋单生或 2 ~ 3 个簇生，雌花总苞闭合，具结合的总苞片，在顶部以下有 4 ~ 6 个尖刺，花柱 2 深裂，丝状，伸出总苞的嘴部。瘦果倒卵形。

【生存环境】生于路旁、河岸湿草地。

【危害】豚草具有极强的繁殖能力和环境适应能力，自 20 世纪 30 年代从境外传入中国东北三省后，已经在全国蔓延，危害人体健康。

叶

茎，示茎下部叶对生

植株

雄花序总状

雄花序放大

茎上部叶互生

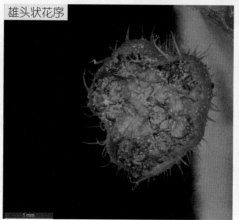
雄头状花序

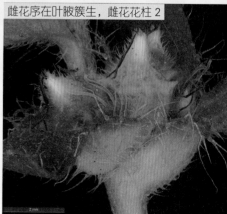
雌花序在叶腋簇生，雌花花柱 2

## 豨莶属 *Siegesbeckia*

### 腺梗豨莶 *Siegesbeckia pubescens* Makino

【关键特征】一年生草本。茎密被开展的白色长柔毛，并混有腺毛。叶对生，广卵形、卵形或菱状卵形，叶基部下延至柄成翼。头状花序生于分枝顶端，集生为伞状圆锥花序；花序梗细，密被开展的白色长柔毛及腺毛。总苞密被腺毛，总苞片2层；边花1层，雌性，舌状，舌片先端2～3齿裂；中央花多数，两性，管状钟形。瘦果长圆状倒卵形，稍有4棱。

【生存环境】生于山坡沙土地、路旁、田边、沟边等处。

【经济价值】可入药，治风湿顽痹、头风、带下、烫伤等症。

茎具毛，示叶对生

叶背面

植株　头状花序边缘为舌状花、中央为管状花

花序背面，示总苞2层、密被腺毛

果序

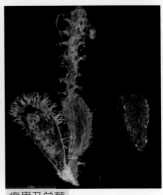

瘦果及总苞

# 向日葵属 *Helianthus*

## 菊芋 *Helianthus tuberosus* L.

【关键特征】多年生草本，有块茎。茎下部叶对生，卵形或卵状椭圆形，具3脉，叶柄具翼；茎上部叶互生，长椭圆形至广披针形。头状花序数个生于枝端，径2～5cm；边花雌性，舌状，黄色；中央花管状，黄色。瘦果小，楔形，上端有2～4个有毛的锥状扁芒。

【生存环境】耐寒耐旱，喜光，对土壤要求不高。

【经济价值】块茎的菊糖含量很高，香甜适口，可用来制作糖果、糕点，也可作蔬菜食用。

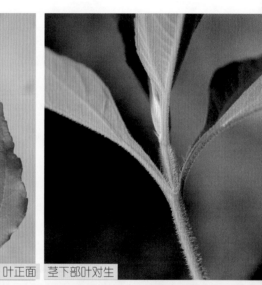

营养期植株　叶正面　茎下部叶对生

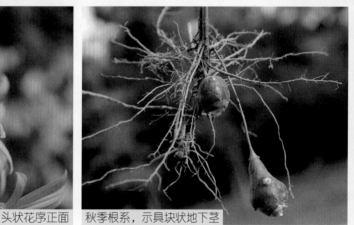

头状花序正面　秋季根系，示具块状地下茎　夏初根系，块茎未膨大

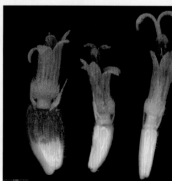

茎上部叶互生　花序背面，示总苞片3层　舌状花中性，雌雄蕊均退化、不结实　管状花、两性，花柱分枝2，冠毛膜片状

# 鬼针草属 *Bidens*

## 狼把草 *Bidens tripartita* L.

【关键特征】草本。茎直立，近四棱形。茎中部叶对生，叶羽状分裂。头状花序单生于茎顶或枝端；总苞盘状或近钟形，外层叶状；无舌状花；管状花两性，柱头2裂。瘦果倒卵状楔形，先端截形，多具2刺芒。

【生存环境】生于湿草地、沟旁、稻田边等处。

【经济价值】干草可作饲料。可入药，治气管炎、肺结核、咽喉炎、扁桃体炎、痢疾、丹毒、癣疮等症。

头状花序，示无舌状花

植株

茎，示叶对生

叶正面

头状花序背面，示外层苞片叶状

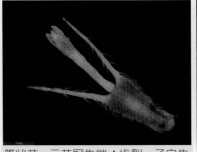
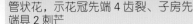

管状花，示花冠先端4齿裂、子房先端具2刺芒

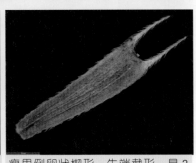

瘦果倒卵状楔形、先端截形、具2刺芒

## 牛膝菊属 *Galinsoga*

牛膝菊 *Galinsoga parviflora* Cav.

【关键特征】草本。叶对生，卵形或长圆状卵形，基出3脉，两面疏被白色长毛。头状花序多数排列成疏散的聚伞花序；总苞半球形，径3～5mm，总苞片2层。边花5，雌性，舌状，白色，长1mm冠毛毛状；中央花多数，管状，黄色，冠毛膜片状，白色，边缘流苏状。瘦果压扁。

【生存环境】原产南美洲，在我国归化。

【经济价值】药用，有止血消炎功效。

中央管状花的膜片状冠毛

植株

叶片，示基出3脉

头状花序和果序

头状花序放大，可见柱头2裂

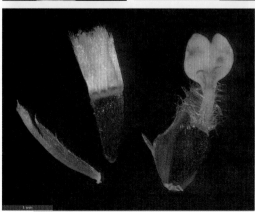
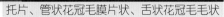
托片、管状花冠毛膜片状、舌状花冠毛毛状

管状花所结的瘦果

茎，示叶对生

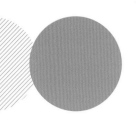

# 春黄菊族 Anthemideae

## 分属检索表

1. 花托有托片；边花舌状 ································································································ 蓍属 *Achillea*
1. 花托无托片，边花细管状 ······················································································· 蒿属 *Artemisia*

## 蓍属 *Achillea*

### 短瓣蓍 *Achillea ptarmicoides* Maxim.

【关键特征】多年生草本。叶 1 ~ 2 回羽状浅裂至深裂。总苞钟状，总苞片 3 层；舌状花白色，舌片长度不及 1mm，与总苞近等长或稍超出。瘦果腹背压扁，长圆形，长 2mm，具厚翼。

【生存环境】生于山坡、河谷草甸、林缘及山脚下。

【经济价值】可作饲草。

植株

叶

花序侧面，示总苞

花序

## 蒿属 *Artemisia*

### 分种检索表

1.头状花序边花结实，中央花不结实，花托裸露；头状花序卵形，径1.5～2mm；花序花梗长，常向一侧俯垂；叶裂片较厚硬，集生，水平开展·····················································茵陈蒿 *A.capillaris*

1.头状花序全部结实。

  2.花托密生白毛；叶裂片长圆状线形或线状披针形，边缘撕裂状或具缺刻状大牙齿；头状花序大，半球形，径5～7mm·······························································大籽蒿 *A.sieversiana*

  2.花托裸露，无毛。

    3.一年生草本。

      4.茎下部叶2回羽状分裂，羽轴具栉齿状裂片；头状花序半球形，径4～6mm ··············青蒿 *A.carvifolia*

      4.茎下部叶3回羽状分裂，羽轴无栉齿状裂片；头状花序近球形，径1～2mm ··············黄花蒿 *A.annua*

    3.多年生草本。

      5.茎中部叶近成掌状的5深裂或指状3深裂；头状花序径2～2.5mm·····················蒌蒿 *A.selengensis*

      5.茎中部叶羽状分裂，叶裂片宽线形或线状披针形；头状花序径1～1.5mm ·················矮蒿 *A.lancea*

## 矮蒿 *Artemisia lancea* Vaniot

【关键特征】多年生草本。茎具细棱，褐色或紫红色。基生叶与茎下部叶卵圆形，2回羽状全裂。中部叶长卵形或椭圆状卵形，1至2回羽状全裂；上部叶5或3全裂或不分裂。叶背面密被灰白色或灰黄色蛛丝状毛。头状花序多数，卵形或长卵形，无梗，直径1～1.5mm，在分枝上端或小枝上排成穗状花序或复穗状花序，而在茎上端组成狭长或稍开展的圆锥花序。总苞片3层，雌花花柱略长于花冠；雌、雄花的裂片檐部紫红色；瘦果长圆形。

【生存环境】生于低海拔至中海拔地区的林缘、路旁、荒坡及疏林下。

【经济价值】可入药，民间用作"艾"（家艾）与"茵陈"的替代品，有散寒、温经、止血、安胎、清热、祛湿、消炎、驱虫之功效。

植株　　茎具细棱、褐色或紫红色

茎中部叶正面

茎中部叶背面

茎上部叶 3 全裂

花序　不分裂叶

## 茵陈蒿 *Artemisia capillaris* Thunb.

【关键特征】半灌木状草本。叶初密被绢毛，后渐脱落。茎中部叶集生，无柄或近无柄，基部宽展，抱茎，具2~3对托叶状裂片；叶片1~2回羽状全裂，裂片丝状线形，水平开展。头状花序卵形或长卵形，长2~2.5mm、宽约1mm，常向一侧俯垂，排列成圆锥状；总苞片3~4层；边花雌性、结实；中央花中部以上常带粉紫色，不结实。瘦果长圆状倒卵形，长约1mm。

【生存环境】生于沙质的河、湖、海岸，干燥丘陵地、草原、山坡、灌丛。

【经济价值】春天幼苗可食用，富含B族维生素、维生素C，并含有人体所需的多种微量元素和氨基酸，具有很好的保健功能。

春季基生叶

花期植株

头状花序放大，示边花雌性

1 mm

茎下部叶正面

叶基部抱茎，具2~3对托叶状裂片

大籽蒿 *Artemisia sieversiana* Ehrhart ex Willd.

【关键特征】草本。茎粗壮，直立，具条棱。叶片广卵状三角形，2～3回羽状分裂，裂片长圆状线形或线状披针形，边缘撕裂状或具缺刻状大牙齿。头状花序大，半球形，径5～7mm，下垂，多数，形成大圆锥状。总苞片3～4层，边花雌性，2～3层，花柱略伸出花冠；中央花两性，多层，花柱与花冠等长。瘦果长圆状倒卵形。

【生存环境】生于沙质草地、山坡草地及住宅附近。

【经济价值】可入药，有消炎、清热、止血之效；高原地区用于治疗太阳紫外线辐射引起的灼伤。可作牲畜冬季贮备饲料。

茎具条棱

花序

植株

叶

头状花序

# 黄花蒿 *Artemisia annua* L.

【关键特征】草本，有香味。茎粗壮，直立，具深沟，多分枝。叶有柄，茎下部叶3回羽状分裂，叶羽轴全裂，两面绿色无毛。头状花序近球形，径1～2mm，下垂，密集，形成大圆锥状，头状花序的总苞片3～4层，花深黄色。瘦果小，长圆形。

【生存环境】生于路旁草地、杂草地及荒地。

【经济价值】传统中药习称黄花蒿为"青蒿"，全草入药，有清热、解暑、截疟、凉血、利尿、健胃、止盗汗等功效，是抗疟疾药物青蒿素的主要原料。

植株　茎具沟槽　叶正面　叶背面

青蒿 *Artemisia carvifolia* Buch.-Ham.ex Roxb.

【关键特征】草本，有香气。茎下部叶2回羽状分裂，叶羽轴中上部疏具栉齿状裂片，两面绿色，无毛；茎上部叶羽状分裂。头状花序花期下垂，多数。总苞半球形，径4～6mm。头状花序半球形，多数，成圆锥状，花管状，外面为雌花、内层为两性花。瘦果长圆形至椭圆形。

【生存环境】生于草地、撂荒地及沙质地。

【经济价值】可入药，具清透虚热、凉血除蒸、解暑、截疟等功效。

植株

茎具条棱

叶

【关键特征】多年生草本，具清香气味。茎有明显纵棱。茎中下部叶5或3全裂或深裂；上部叶与苞片叶指状3深裂、2裂或不分裂。头状花序多数，在分枝上排成密穗状花序，并在茎上组成狭而伸长的圆锥花序；头状花序雌花8～12朵、两性花10～15朵，花冠管状。瘦果卵形，略扁。

【生存环境】多生于低海拔地区的河湖岸边与沼泽地带，在沼泽化草甸地区常形成小区域植物群落的优势种与主要伴生种；可于水中生长，也见于湿润的疏林中、山坡、路旁、荒地等。

【经济价值】嫩茎叶可凉拌、炒食。根状茎可腌渍。也可作饲料。全草入药，有止血、消炎、镇咳、化痰之效；也可用于治疗黄疸型或无黄疸型肝炎。民间还用作"艾"（家艾）的替代品。

叶正面

叶背面

植株

# 千里光属 *Senecio*

## 分种检索表

1. 一年生草本；头状花序无舌状花⋯⋯⋯⋯⋯⋯⋯⋯⋯⋯⋯⋯⋯⋯⋯⋯⋯⋯⋯⋯⋯⋯⋯⋯欧洲千里光*S.vulgaris*

1. 多年生草本；头状花序有舌状花⋯⋯⋯⋯⋯⋯⋯⋯⋯⋯⋯⋯⋯⋯⋯⋯⋯⋯⋯⋯⋯⋯⋯额河千里光*S.argunensis*

## 额河千里光 *Senecio argunensis* Turcz.

【关键特征】多年生草本。茎单一，直立。茎生叶无柄，多数，较密集，卵状长圆形或长圆形。头状花序径1.5～2cm，多数，排列成伞房状。总苞片1层，边花舌状，深黄色，中央花管状。瘦果长圆形，冠毛淡白色。

【生存环境】生于灌丛、林缘、山坡草地、河岸湿地及撂荒地。

【经济价值】全草入药，具清热解毒之效。用于治疗毒蛇咬伤、蜂蜇伤、疮疖肿毒、湿疹、咽炎等症。

植株　茎　叶正面

叶基部　花蕾，示总苞片1层　花序

# 欧洲千里光 *Senecio vulgaris* L.

【关键特征】一年生草本。茎直立。基生叶及茎下部叶匙形，茎中部及上部叶长圆形或披针形，基部耳状抱茎。
头状花序多数，排列成伞房状；无舌状花，管状花黄色，多数。瘦果圆柱形，沿肋有柔毛，冠毛白色。

【生存环境】归化植物。生于山坡、林缘、路旁、耕地旁等处。

【经济价值】全草入药，具清热解毒之效，常用于治疗小儿口疮、疔疮等症。

茎生叶背面

头状花序　管状花

茎

植株

关苍术 *Atractylodes japonica* Koidz.ex Kitam.

【关键特征】多年生草本。根状茎横走，肥大成结节状。茎单一。叶有柄，长2.5 ~ 3cm；茎下部叶3 ~ 5羽状全裂，茎上部叶3全裂或不分裂。头状花序生于分枝顶端，基部叶状苞2层，羽状深裂，裂片针刺状；总苞钟形，花冠管状，白色。瘦果圆柱形，被白色毛，冠毛褐色。

【生存环境】生于柞林下、干山坡、林缘。

【经济价值】根茎叶可供食用。根状茎有浓郁的特异香气，可入药，有健胃、发汗、利尿的功效。

3裂叶背面

花序，示叶状苞片羽状深裂

植株，可见茎下部叶5裂，茎上部叶3裂或不裂

叶柄

根状茎

## 蓟属 *Cirsium*

### 分种检索表

1. 冠毛较花冠长；头状花序异型，雌雄异株 ·············································· 刺儿菜 *C. segetum*

1. 冠毛较花冠短；头状花序同型，雌雄同株 ································· 烟管蓟 *C. pendulum*

## 烟管蓟 *Cirsium pendulum* Fisch. ex DC.

【关键特征】多年生草本。茎上部被白色蛛丝状毛。叶羽状分裂，裂片边缘终以刺尖，叶基部下延至柄成翼。头状花序多数，排列成总状或圆锥状，下垂；总苞片8层，外、中层常反卷，内层先端紫红色；花冠紫红色，下筒部比上筒部长2～3倍。瘦果长圆状倒卵形，冠毛污白色，多层。

【生存环境】生于山谷、山坡草地、林缘、林下、岩石缝隙、溪旁及村旁。

【经济价值】可入药，具凉血止血、散瘀解毒消痈等功效。

基生叶背面

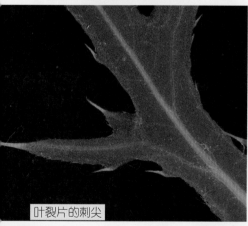

叶裂片的刺尖

植株

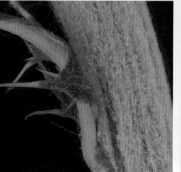

茎被蛛丝状毛

蕾期总苞片，示内层先端紫红色

头状花序下垂

果序

# 刺儿菜 *Cirsium segetum*（Willd.）MB.

【关键特征】多年生草本。茎细，有条棱，被蛛丝状绵毛。叶椭圆形、长圆形或长圆状披针形，边缘有刺，两面被蛛丝状绵毛。头状花序1至数个，单生于茎或枝端，单性，异型，雌雄异株；总苞片多层，带黑紫色，具刺。雄头状花序较小，总苞长18mm，花冠紫红色，下筒部长为上筒部的2倍；雌头状花序较大，总苞长2.5cm。瘦果椭圆形或卵形，冠毛多层，羽毛状。

【生存环境】生于田间、荒地、路旁等处，为常见的田间杂草。

【经济价值】可入药，具凉血止血、祛瘀消肿等功效。

植株　花序

幼叶背面

茎被蛛丝状绵毛　叶正面

管状花

果序　瘦果，顶端具羽毛状冠毛

## 牛蒡属 *Arctium*

## 牛蒡 *Arctium lappa* L.

【关键特征】草本。根肉质。茎直立，粗壮，带紫色。叶大，基生叶片三角状卵形，基部心形；茎生叶广卵形。头状花序簇生或呈伞房状。总苞片多层，披针形，先端具钩刺；花冠红色管状。瘦果长圆形或倒卵形，冠毛多层，浅褐色。

【生存环境】生于林下、林缘、山坡、村落、路旁，常有栽培。

【经济价值】牛蒡根含有人体必需的各种氨基酸，含糖、纤维素、蛋白质、钙、磷、铁等人体所需的多种成分，营养价值高。

植株

头状花序

叶背面

根

管状花花冠红色，总苞片先端具钩刺

# 泥胡菜 *Hemistepta lyrata*（Bunge）Bunge

【关键特征】草本。茎直立，具纵条棱，被白色蛛丝状毛。基生叶琴状羽状分裂，背面密被白色蛛丝状毛；茎中部叶羽状分裂。头状花序多数；总苞片5～8层，背部具龙骨状附属物；花同型，花冠管状，下筒部较上筒部长3～5倍。瘦果长椭圆形，冠毛白色，长约1cm。

【生存环境】生于路旁、林下、荒地、海滨沙质地。

【经济价值】幼苗可食用。全草可入药，具有清热解毒、消肿散结之功效。

莲座状基生叶

花期植株

茎具纵条棱

花序

总苞片背部具龙骨状附属物

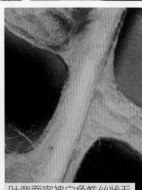

叶背面密被白色蛛丝状毛

瘦果冠毛白色、羽毛状

## 风毛菊属 *Saussurea*

风毛菊 *Saussurea japonica*（Thunb.）DC.

【关键特征】草本。茎直立，粗壮，具条棱。叶羽状分裂。头状花序多数，密集成聚伞状伞房花序。总苞片5～6层，先端附属物紫红色；花冠淡紫红色，下筒部较上筒部长或近等长。瘦果圆柱状，稍呈四棱形，冠毛白色，2层，外层短、糙毛状，内层长、羽毛状。

【生存环境】生于山坡灌丛间、林下、沙质地。

【经济价值】全草入药，用于治牙龈炎、散瘀止痛、跌打损伤、感冒头痛、腰腿痛等症。

植株　　花序，示总苞狭筒形、总苞片先端附属物紫红色

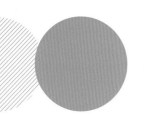

## 帚菊木族 Mutisieae

## 大丁草属 *Gerbera*

# 大丁草 *Gerbera anandria*（L.）Sch.-Bip.

【关键特征】多年生草本。春型植株矮小，基生叶莲座状，有长柄，密被白色绵毛，叶片长圆状卵形、卵形或近圆形；头状花序单生于茎顶，边花1层，花冠近2唇形，淡紫色；中央花两性。秋型植株较高大，基生叶大头羽裂，头状花序较大，花同型，花冠管状。瘦果纺锤形，具纵棱，被白色粗毛，冠毛粗糙、污白色。

【生存环境】生于山坡、林缘、水沟边，适应性较强。

【经济价值】可入药，具清热利湿、解毒消肿之效。

春型植株　　叶正面　　叶背面密被白色绵毛

秋型植株　　春型植株，示花序总苞片3层，先端带紫色　　春型植株的头状花序

秋型植株叶正、反面　　秋型植株的花　　果序，示瘦果冠毛糙毛状

# 堆心菊族 Helenieae

## 万寿菊属 *Tagetes*

## 万寿菊 *Tagetes erecta* L.

【关键特征】一年生草本。茎直立,粗壮,具纵细条棱。叶羽状分裂,沿叶缘有少数腺体。头状花序单生,径5～8cm;舌状花黄色或暗橙色;管状花花冠黄色。瘦果线形,冠毛有1～2个长芒和2～3个短而钝的鳞片。

【生存环境】喜光、喜温,对土壤要求不严,以肥沃、排水良好的沙质壤土为好。

【经济价值】全草入药,用于治牙龈炎、散瘀止痛、跌打损伤、感冒头痛、腰腿痛。

植株　　茎具棱,叶对生　　　　叶正面

叶背面　　花　　　　　　　　总苞片1列、合生

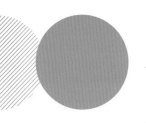

# 舌状花亚科 Cichorioideae

**亚科特征** 头状花序全部小花舌状，植物有乳汁，花粉粒外壁有刺脊。

花程式：$\uparrow K_{(5)}C_{(5)}A_{(5)}\overline{G}_{(2:1)}$

# 菊苣族 Latuceae

## 分属检索表

1.冠毛羽毛状；植株具钩状刺毛 ·········································· 毛连菜属 *Picris*
1.冠毛刺毛状或为细毛。
  2.瘦果平滑，无喙或有喙；有或无基生叶，有茎生叶；头状花序不单生。
    3.头状花序具多数舌状花；瘦果压扁，无喙，冠毛细软，脱落 ············ 苦苣菜属 *Sonchus*
    3.头状花序具少数舌状花；冠毛粗糙，刚毛状，宿存或部分脱落。
      4.瘦果极扁或压扁，具2宽厚边 ································· 莴苣属 *Lactuca*
      4.瘦果稍扁或近圆柱形，先端狭，具明显的喙 ··············· 苦荬菜属 *Ixeris*
  2.瘦果具瘤状或刺状突起，具喙；叶基生，无茎生叶；头状花序单生 ··············· 蒲公英属 *Taraxacum*

# 毛连菜属 *Picris*

## 日本毛连菜 *Picris japonica* Thunb.

【关键特征】草本。茎直立、单一。全株密被钩状分叉硬毛。叶披针形或长圆状披针形，边缘有疏齿。头状花序排列成聚伞状。总苞片3层，黑绿色，全部总苞片外面被黑色或近黑色的硬毛；舌状花黄色。瘦果纺锤形，冠毛污白色，外层极短、糙毛状，内层长、羽毛状。

【生存环境】生于林缘、山坡草地、沟边、灌丛等处。

【经济价值】入蒙药，具清热、消肿及止痛等功效，主治流感、乳痈等症。

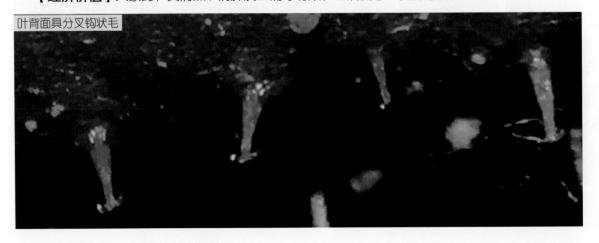

叶背面具分叉钩状毛

植株　茎

叶中脉上密被硬毛　茎上部叶稍抱茎叶

聚伞状花序　头状花序

# 苦苣菜属 *Sonchus*

## 长裂苦苣菜 *Sonchus brachyotus* DC.

【关键特征】多年生草本。茎生叶基部稍呈耳状抱茎。头状花序数个，排列成聚伞状；总苞片4～5层；花多数，黄色，舌状。瘦果长圆形，褐色，有纵肋，肋间有横皱纹，冠毛白色、纤细、柔软。

【生存环境】生于田间、撂荒地、路旁、河滩、湿草甸及山坡。

【经济价值】可入药，具有清热解毒、凉血利湿、消肿排脓、祛瘀止痛、补虚止咳的功效。

株丛　　茎无毛，示叶耳状抱茎

茎上部叶正面，基部半抱茎　　茎下部叶背面

头状花序具多数舌状花　　总苞片3～4层　　舌状花两性

## 翅果菊属 *Pterocypsela*

**多裂翅果菊** *Pterocypsela laciniata*（Houtt.）Shih

【关键特征】草本，茎直立。叶全缘至羽状或倒向羽状深裂或全裂。头状花序排列成圆锥状；总苞圆柱形，总苞片3～4层，覆瓦状排列。舌状花黄色。瘦果，冠毛2层、白色。

【生存环境】生于山沟路旁、林边、撂荒地及山坡路旁。

花序　植株　根分支成胡萝卜状

叶背面　叶正面，示其叶型多变

果序，示瘦果具宽边　瘦果具白色冠毛

2 mm　2 mm

## 小苦荬菜属 *Ixeridium*

### 分种检索表

## 抱茎苦荬菜 *Ixeridium sonchifolium*（Maxim.）Shih

【关键特征】多年生草本。茎直立。基生叶莲座状，倒匙形或长圆状倒披针形；茎生叶无柄，卵状披针形，基部耳状抱茎，先端长尾状尖。头状花序多数，排列成伞房状圆锥花序；总苞2层，舌状花黄色。瘦果黑色，具细纵棱，两侧纵棱上部具刺状小突起，冠毛白色、1层。

【生存环境】生于山坡路旁、疏林地、撂荒地。

【经济价值】可作饲料。全草入药，具有镇静和镇痛等功效。

植株，示基生叶莲座状、花期宿存

舌状花两性

花序　花蕾，示总苞2层、外层小且短

茎生叶基部抱茎

头状花序

中华小苦荬 *Ixeridium chinense*（Thunb.）Tzvel.

【关键特征】多年生草本。茎直立或斜升，多数。基生叶丛生，异型，羽状复叶或单叶。头状花序多数，排列成伞房状圆锥花序；总苞圆柱状钟形，总苞片2层；舌状花黄色、白色或淡紫色。瘦果圆柱形，褐色，有纵肋，喙细，冠毛白色。

【生存环境】生于山坡路旁、干草地、田边、河滩沙质地、沙丘等处。

【经济价值】嫩根和叶可食用，也可作饲料。全草入药，具清热解毒、凉血、活血排脓等功效。

茎生叶

基生叶背面

植株具乳汁

植株

头状花序　花序　总苞片

瘦果赤褐色、具长喙，喙与果近等长，具纵肋；
冠毛1层

舌状花　果序

# 蒲公英属 *Taraxacum*

## 分种检索表

1.外层总苞片广卵形，花期直立 ·········································· 东北蒲公英 *T. ohwianum*

1.外层总苞片披针形，花期反卷 ·········································· 丹东蒲公英 *T. antungense*

## 东北蒲公英 *Taraxacum ohwianum* Kitamura

【关键特征】多年生草本。叶倒披针形，基部无翼，不规则羽状浅裂至深裂，顶裂片菱状三角形或三角形，叶裂片间不夹生小裂片。头状花序下密被白色蛛丝状毛，总苞片3层，外层花期直立，广卵形，背部先端无角状突起，具稍肥厚胼胝体，暗紫色。舌状花黄色，外层舌片背部暗黑色。瘦果长椭圆形，麦秆黄色，上部有刺状突起，喙纤细，冠毛污白色。

【生存环境】生于低海拔地区山野或山坡路旁。

【经济价值】可入药，有利尿、缓泻、退黄疸、利胆等功效。亦可用作地被观赏植物。

植株

叶与花

总苞直立

果序

丹东蒲公英 *Taraxacum antungense* Kitag.

【关键特征】多年生草本。叶羽状分裂或大头羽裂，基部下延至柄，呈狭翼，带紫红色。头状花序；总苞片外层花期反卷，披针形；舌状花黄色，边缘花舌片背面带黑色。瘦果淡棕色，上部具刺状突起，喙长9mm，冠毛白色。

【生存环境】生于低海拔山坡杂草地。

【经济价值】具药用价值和观赏价值。

叶正面　叶背面

根，示叶基部带紫红色

植株

头状花序　　总苞片花期反卷　　　瘦果上部具刺状突起，具长喙　果序

# 还阳参属 *Crepis*

## 屋根草 *Crepis tectorum* L.

【关键特征】草本。茎直立，叶披针状线形、披针形或倒披针形，全部叶两面被稀疏的小刺毛及头状具柄的腺毛。头状花序多数或少数，在茎枝顶端排成伞房花序或伞房圆锥花序。总苞片3～4层，总苞片外面被稀疏的蛛丝状毛及头状具柄的长或短腺毛。舌状花黄色，花冠管外面被白色短柔毛。瘦果纺锤形，有10条等粗的纵肋，沿肋有指上的小刺毛，冠毛白色。

【生存环境】生于山地林缘、河谷草地、田间或撂荒地。

【经济价值】药用，具清热解毒、利湿的功效，可用于治疗呼吸道感染、肝炎、肺炎等。

植株

基生叶莲座状

茎中部叶的基部尖耳状，示植株有白浆

茎被腺毛和白色蛛丝状毛

茎中部叶背面

根

花序

总苞被腺毛和蛛丝状毛

舌状花

果序

瘦果顶端无喙，有粗的纵肋，沿肋有小刺毛

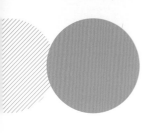

# 百合科 Liliaceae

**科重点特征** 多年生草本；通常具鳞茎、球茎或块茎。单叶。花多3基数，花被花瓣状。子房常上位，多3室。蒴果或浆果。

花程式：$*P_{3+3}A_{3+3}\underline{G}_{(3:3)}$

## 分属检索表

1.叶4至多数轮生于茎顶；花单生于叶轮中央；花4（10）数，外轮花被片叶状或极少为花瓣状，较宽，内轮花被片线形，狭细或稀为不存在……………………………………………………………………………… 重楼属 Paris
1.叶序及花序不如上，花不如上。
  2.浆果；具根状茎。
    3.叶退化为鳞片状，具叶状枝……………………………………………… 天门冬属 Asparagus
    3.叶正常发育，不为鳞片状，无叶状枝。
      4.花单性异株，生于腋出的伞形花序上；叶柄两侧边缘通常具长或短的翅状鞘，鞘上方有一对卷须…………………………………………………………………………………………………………………… 菝葜属 Smilax
      4.花两性，稀为单性异株；但花序不为腋出伞形；叶柄上无翅状鞘与卷须。
        5.花被片合生，仅上部分离，花冠呈筒状或钟状
          6.叶2～3枚；花生于侧生的花葶上排成总状花序……………………… 铃兰属 Convallaria
          6.叶4至多数；花生于叶腋或腋出的总花梗上 …………………………… 黄精属 Polygonatum
        5.花被片离生或仅基部合生，顶生圆锥花序或总状花序………………………… 鹿药属 Smilacina
  2.蒴果；具鳞茎。
        7.伞形花序，基部具白色膜质的总苞片，在蕾期包住花序；鳞茎外有膜质、革质或纤维质的外皮…………………………………………………………………………………………………………… 葱 属 Allium
        7.不为伞形花序，苞片叶状；花1至数朵；鳞茎外面无鳞茎皮包被……………… 百合属 Lilium

## 百合属 Lilium

有斑百合 *Lilium concolor* Salisb.var.*pulchellum*（Fisch.）Regel

为渥丹 *Lilium concolor* Salisb. 的变种。

**【关键特征】** 多年生草本。地下鳞茎卵球形。叶散生，线形或线状披针形，无柄。花直立，花被片稍外弯或不弯，雄蕊向中心靠拢。花冠深红色或橘红色；花被片6，深红色，有斑点；花柱比子房短或近等长，柱头稍膨大。蒴果长圆形。

**【生存环境】** 生于草甸、山坡、湿草地、灌丛间及疏林下。

**【经济价值】** 具观赏价值。鳞茎入药，具润肺止咳、宁心安神等功效。

植株 　叶背面

鳞茎与根

花正面，示雄蕊向内靠拢

花背面，示花被2轮排列 　果实

雌蕊花柱与子房近等长

子房3室

# 葱属 *Allium*

## 分种检索表

1. 鳞茎外皮纤维破裂呈网状或近网状，叶实心，花被片常具绿色中脉 ············································· 韭 *A. tuberosum*

1. 鳞茎外皮不破裂或破裂成片状或条状。

  2. 鳞茎球形，外皮灰黑色；花淡紫色或淡红色 ···································· 薤白 *A. macrostemon*

  2. 鳞茎圆柱形，外皮白色；花白色 ························································· 葱 *A. fistulosum*

## 韭 *Allium tuberosum* Rottler ex Spreng.

【关键特征】多年生草本。鳞茎圆柱形簇生，外皮暗黄色至黄褐色，破裂成网状或近网状。叶基生，线形，宽 3～7mm，肉质扁平，实心。花葶圆柱形，常具 2 纵棱，总苞膜质，白色，单侧开裂或 2～3 裂；伞形花序半球形或近球形，多花，花梗近等长，花白色或微红色，花被片 6，常具绿色或黄绿色的中脉。蒴果倒卵形，有 3 棱，顶端内凹。

【生存环境】中国广泛栽培，亦有野生植株。适生沙土生存环境。

【经济价值】叶、花葶和花均作蔬菜食用；种子入药。全草具有健胃、提神、止汗、固涩之功效。

植株　鳞茎与根　　　　　　　　　　　　　　　　　　总苞白色、膜质

花序　花，示雄蕊略短于花被片　　　　　花背面，示花被片具绿色中脉

【关键特征】鳞茎圆柱形，外皮白色或稀为淡红褐色，薄革质，不破裂。叶数枚，圆柱形，中空。伞形花序球形，花多而密集，花白色。

【生存环境】农田种植。

【经济价值】葱含有蛋白质、碳水化合物等多种营养物质，食用有益健康。

植株　根及圆柱形鳞茎

雌蕊　花　叶圆柱形

花序　蒴果（未成熟）　子房3室

密花小根蒜 *Allium macrostemon var.uratense*

为薤白*Allium macrostemon* Bge. 的变种。

【关键特征】植株具葱蒜味，鳞茎近球形，不分瓣，外皮不破裂。叶3～5枚，中空。伞形花序多而密，球形或半球形，花序间无肉质珠芽。花被片分离，淡紫色或淡红色，具1深色的中脉；雄蕊比花被片长 1/4 ～ 1/3。蒴果卵圆形，具3棱。

【生存环境】生于山坡、田野间。

【经济价值】鳞茎供药用，健胃理肠，有理气、宽胸、散结、祛痰功效。

花序

鳞茎

花被片具1深色中脉；雄蕊花丝比花被片长，花丝基部扩大

植株

# 铃兰属 *Convallaria*

铃兰 *Convallaria majalis* L.

【关键特征】多年生草本。根状茎细长。叶2枚，弧形脉。总状花序偏向1侧，花广钟形，白色。浆果球形，熟后红色，下垂；种子椭圆形，扁平。

【生存环境】生阴坡林下潮湿处或沟边。

【经济价值】铃兰是一种优良的盆栽观赏植物，可用于花坛、花镜等，其叶常被利用作插花材料。全草可入药，有强心、利尿之功效。全株各部位均具有较强毒性。

根

植株　花序　果序

花　　雌蕊和雄蕊　子房3室

# 鹿药属 *Smilacina*

## 鹿药 *Smilacina japonica* A.Gray

【关键特征】多年生草本，根状茎横卧。叶具短柄，茎中部以上或仅上部具粗伏毛，圆锥花序，花单生，白色，花被片分离或仅基部稍合生。浆果近球形，种子圆形、扁圆形。

【生存环境】生于林下阴湿处或岩缝中。

【经济价值】氨基酸含量丰富，并含有多种黄酮类化合物和皂苷类物质，其糖类化合物和脂肪含量低，适宜作养生食材，具有补气益肾、祛风除湿和活血调经的功效。

茎具毛 叶背面 植株 根状茎 未成熟果实

# 黄精属 *Polygonatum*

## 分种检索表

1.苞片披针形，花序具 1 ~ 2（4）花 ·····················································玉竹 *P.odoratum*

1.苞片广卵形，成对包着花 ·····························································二苞黄精 *P.involucratum*

## 玉竹 *Polygonatum odoratum*（Mill.）Druce

【关键特征】多年生草本，根状茎为稍扁的圆柱形。茎单一，具棱角，无毛。叶 7 ~ 12 枚互生、无柄。花序具 1 ~ 2 花，总花梗长 1 ~ 1.5cm，花被片下部合生成筒，淡黄绿色或白色，先端淡绿色、6 裂，花筒内无毛。浆果圆球形，具种子 7 ~ 9 颗。

【生存环境】生于山坡、林缘、林下及灌木丛中。

【经济价值】根状茎具有养阴润燥、生津止渴的功能。用于治疗口燥咽干、干咳少痰、心烦心悸、糖尿病等症。

植株　根状茎

雌蕊与雄蕊，示花药线形　花侧面

茎具棱角　叶背面带灰白色

子房 3 室　子房纵切　花正面　成熟浆果　种子

# 二苞黄精 *Polygonatum involucratum*（Franch.& Sav.）Maxim.

【**关键特征**】多年生草本。根状茎细长，具较长的节间。叶互生，长圆形或广卵形。苞片广卵形，绿色，具多条脉，成对包着花，宿存；花被片6，合生成筒状。浆果球形，成熟时蓝黑色，具7～8颗种子。

【**生存环境**】生于林下或阴湿山坡。

【**经济价值**】可用于园林绿化。

植株

根状茎细长　苞片与果实

花侧面

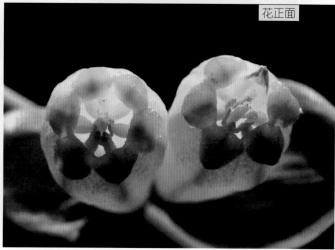

花正面

# 重楼属 *Paris*

## 北重楼 *Paris verticillata* M. Bieb.

【关键特征】多年生草本，根状茎匍匐，茎单一、直立。叶5～8枚于茎顶轮生。花单生于叶轮中央；花被片2轮，外轮花被片4、绿色、叶状，内轮花被片4、丝状、黄绿色、下垂；雄蕊8，子房球形，花柱4，向外反卷。浆果状蒴果，紫黑色，不开裂，具几颗种子。

【生存环境】生于林下、林缘、草丛、沟边。

【经济价值】根状茎具有药用价值，有小毒。具清热解毒、散瘀消肿等功效。

植株，示叶于茎上部轮生

根状茎

花正面，示外轮花被片叶状，内轮花被片丝状，子房近球形、紫褐色

花背面

# 天门冬属 *Asparagus*

## 龙须菜 *Asparagus schoberioides* Kunth

【**关键特征**】茎直立，叶状枝上部扁平、下部三棱形或压扁，具明显中脉；花梗极短或近无梗，长0.5 ~ 1.0mm。浆果球形，熟时红色，通常有1 ~ 2颗种子。

【**生存环境**】生于林下或草坡上。

【**经济价值**】具清热散结、通利小便、滋阴等功效。

花侧面

花正面

果实

植株

## 菝葜属 *Smilax*

牛尾菜 *Smilax riparia* A. DC.

【**关键特征**】多年生草质藤本。叶常为卵形、椭圆形至长圆状披针形,背面绿色、无毛。叶柄每侧各具1线状卷须。伞形花序生于叶腋,总花梗纤细;单性异株,花小,绿色,花药线形。浆果球形,直径7 ~ 9mm。

【**生存环境**】生于林下、灌丛或草丛中。

【**经济价值**】根及根状茎入药,具祛风活络、祛痰止咳等功效。

植株

叶背面绿色、无毛,叶柄基部生一对卷须

根及根状茎    雌花序

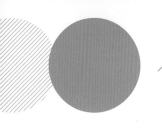

# 薯蓣科 Dioscoreaceae

**科重点特征** 缠绕草本或木质藤本；具根状茎或块茎。叶具基出掌状脉3～9，侧脉网状。花多单性，辐射对称。花被片6，2轮。蒴果、浆果或翅果；种子具翅。

花程式：$*\male:P_{3+3}A_{6-3}\quad\female:P_{3+3}A_{6-3,0}\overline{G}_{(3:3:2)}$

## 薯蓣属 *Dioscorea*

穿龙薯蓣 *Dioscorea nipponica* Makino

【**关键特征**】多年生缠绕草本。单叶互生，叶片卵形或广卵形，边缘3～5浅裂或中裂。花雌雄异株，花小、钟形，淡黄绿色。蒴果倒卵状椭圆形，呈三翅状倒卵形。种子具膜质翅。

【**生存环境**】生于林下或林缘灌丛中。

【**经济价值**】根状茎可入药，具祛风除湿、活血通络、止咳等功效。

种子具膜质翅

穗状花序

叶

植株

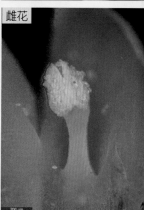
雌花

根状茎

雄花

果序，蒴果三翅状倒卵形

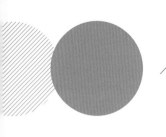

# 灯心草科 Juncaceae

| 科重点特征 | 草本。茎多丛生。叶扁平或圆柱状，基生，具鞘；花两性，绿色或稍白色，排成腋生或顶生的聚伞花序或圆锥花序；花下常托有1～3叶状苞片；花被片6，2轮，颖状。蒴果。 |
|---|---|

花程式：$*P_{3+3}A_{3+3,3}G_{(3:1-3)}$

### 分属检索表

1. 叶鞘开裂，叶缘无毛；子房1～3室，胚珠多数 ················· 灯心草属 *Juncus*
1. 叶鞘闭合，叶常于下部边缘生有白毛；子房1室，胚珠3 ················· 地杨梅属 *Luzula*

## 灯心草属 *Juncus*

## 灯心草 *Juncus effusus* L.

【关键特征】多年生草本。无基生叶和茎生叶，仅具叶鞘。聚伞花序假侧生，多花密集；总苞片与茎相连，似茎的延伸，直立，圆柱状。蒴果三棱状长圆形，3室，顶端钝或微凹。

【生存环境】生于水边、湿地及林下沟旁。

【经济价值】茎髓入药，能清心火、利小便。

花序

果实　株丛及生存环境

## 地杨梅属 *Luzula*

淡花地杨梅 *Luzula pallescens* Swartz

【关键特征】多年生簇生草本，具多数须根。茎生叶宽线形，边缘疏生白长毛，下部叶鞘闭合成筒状，通常在顶端开口处呈耳状，生一束白毛。花序顶生，为5～10个头状花序组成的聚伞花序，头状花序卵形，由多数小花组成，花淡黄褐色，花序最下苞片叶状。蒴果三棱状卵形，淡褐色至褐色。

【生存环境】生于山坡湿地及杂木林下湿地。

花序

植株，示叶鞘顶端生一束白毛

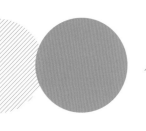

# 鸭跖草科 Commelinaceae

**科重点特征** 草本。单叶互生，有明显的叶鞘。聚伞或圆锥花序，花多两性，萼片3，花瓣3，雄蕊6，有1～3枚退化雄蕊；子房上位，蒴果，种子有棱。种脐的背面或侧面有圆盘状胚盖。

花程式：$*, \uparrow K_3 C_3 A_6 \underline{G}_{(2-3)}$

## 鸭跖草属 Commelina

## 鸭跖草 Commelina communis L.

【关键特征】一年生草本，稍肉质。叶卵状披针形。聚伞花序，下托以佛焰苞状的总苞片。花瓣3枚，蓝色；雄蕊6，退化雄蕊3、外形呈蝴蝶状。蒴果椭圆形，2室。

【生存环境】生于稍湿草地、溪流边以及林缘路旁等处。

【经济价值】全草入药，具消肿利尿、清热解毒等功效。

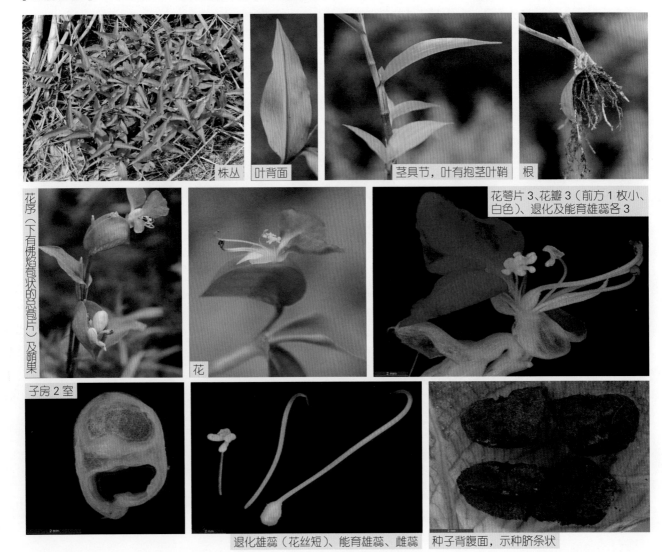

株丛　叶背面　茎具节，叶有抱茎叶鞘　根

花序（下有佛焰苞状的总苞片）及蒴果　花　花萼片3、花瓣3（前方1枚小、白色）、退化及能育雄蕊各3

子房2室　退化雄蕊（花丝短）、能育雄蕊、雌蕊　种子背腹面，示种脐条状

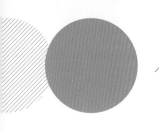

# 禾本科 Gramineae

**科重点特征** 多草本。秆圆柱形，节间中空；叶2列，带形，常有叶舌、叶耳，叶鞘开裂。由小穗组成各种花序；小花的雄蕊多为3，花柱2或3，羽毛状。颖果。

花程式： $\uparrow P_{2-3} A_{3,3+3} \underline{G}_{(2-3:1:1)}$

## 分亚科检索表

1. 小穗含多花至1花，大部两侧压扁，脱节于颖之上并常于各小花间逐节断落；小穗轴常延伸至最上部花之后而呈细柄状或刚毛状。
  2. 成熟花的外稃具3或1脉，芒如存在则不膝曲；叶舌通常有纤毛或为一圈毛所代替；小穗具2至数花，至少于开花前呈圆柱状或稍两侧压扁，有柄，形成圆锥花序；植物体高大、中型或小型······ 芦竹亚科 Arundinoideae
  2. 成熟花的外稃5至多脉，或小穗含1花的种类中因质地较厚而不明显，芒若存在则膝曲或否；叶舌无纤毛，稀具稀疏的纤毛；中型禾草·························· 早熟禾亚科 Pooideae
1. 小穗含2小花，下部花不孕而为雄性以至仅剩1外稃而使小穗仅含1小花，背腹压扁或为圆筒形，稀两侧压扁；脱节于颖下；小穗轴从不延伸，因此在成熟花内稃之后无一柄状或类似刚毛的存在·········· 黍亚科 Panicoideae

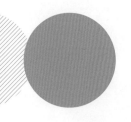

# 芦竹亚科 Arundinoideae

## 芦苇属 *Phragmites*

 芦苇 *Phragmites australis*（Cav.）Trin.ex Steud.

【关键特征】多年生草本。叶片披针状线形，宽1 ~ 3.5 cm，边缘常较粗糙。圆锥花序，小花基盘具长6 ~ 12mm的白色柔毛。颖果长约1.5mm。

【生存环境】生于池沼、河旁、湖边，在沙丘边缘及盐碱地上亦可生长，但植株明显矮小。

【经济价值】芦苇具有重要的经济价值、生态价值、观赏价值、药用价值。根入药，有利尿、解毒、清凉、镇呕、防脑炎等功能。收割的芦苇可用作造纸、建材等的原料。

株丛　叶正面　叶背面

叶舌　圆锥花序

叶舌部位的毛

结实小穗，示基盘有白色毛

花期小穗

# 早熟禾亚科 Pooideae

## 分族检索表

1.花序穗状；两颖片都存在，小穗常含多数小花，若第一颖不存在，则小穗仅含1 ~ 2两性花……小麦族Triticeae
1.花序为疏松或紧密的圆锥花序。
  2.小穗为3小花组成，具1两性花位于2不孕花之上，或因2不孕花退化而成为仅含1小花之小穗 …………………
  ……………………………………………………………………………………………… 虉草族Phalarideae
  2.小穗不如上述。
    3.小穗含2至多数小花。
      4.颖果小至中型，先端无喙 …………………………………………………… 早熟禾族Poeae
      4.颖果大型，先端具喙 …………………………………………………… 龙常草族Diarrheneae
    3.小穗常含1小花。
      5.外稃质厚，常较颖坚硬，常纵卷为圆筒形，芒从顶端伸出；基盘常尖锐，稀钝圆；内稃与外稃同质
      ………………………………………………………………………………… 针茅族Stipeae
      5.外稃质较颖薄，常为膜质，有芒或无芒，芒由背部或顶端伸出；基盘常钝圆；内稃质地薄 …………………
      ………………………………………………………………………………… 剪股颖族Agrostideae

## 小麦族分属检索表

1.小穗单生于穗轴的各节。
  2.植物体通常无地下茎；小穗脱节于颖上，小穗轴于各小花间折断 ………………………… 鹅观草属Roegneria
  2.植物体通常具地下茎或匍匐茎；小穗脱节于颖下，穗轴不于各小花间折断；颖基部具横缢 …………………
  ……………………………………………………………………………………………… 偃麦草属Elytrigia
1.小穗常以1至数个生于穗轴的各节；植物体具根状茎；叶较硬，边缘常内卷，灰绿色；穗劲直…………………
……………………………………………………………………………………………… 赖草属Leymus

## 鹅观草属 Roegneria

## 分种检索表

1.外稃的芒劲直或稍弯曲；外稃背部光滑无毛或沿脉稍粗糙……………………………………… 鹅观草R. kamoji
1.外稃的芒向外反曲；外稃背部被粗毛，边缘具长而硬的纤毛……………………………… 纤毛鹅观草R. ciliaris

【**关键特征**】多年生草本。叶片扁平，宽3～11mm；叶鞘无毛。穗状花序长而下垂，小穗含3～10小花；颖明显短于外稃，具3～5明显而粗壮的脉，边缘为宽白色膜质；外稃背部光滑无毛或沿脉稍粗糙，边缘为较宽的白色膜质，芒劲直或上部稍弯曲，内稃边缘具细小纤毛。颖果先端具毛茸。

【**生存环境**】生于山坡或草地。

【**经济价值**】幼嫩时牲畜喜食；也是良好的水土保持植物。可入药，具清热凉血、镇痛之功效。

植株

叶

叶舌

根

花序

小穗，示颖明显短于外稃，外稃背部无毛、芒劲直

# 纤毛鹅观草 *Roegneria ciliaris*（Trin.）Nevski

【**关键特征**】多年生草本。叶宽3～7mm；叶鞘平滑无毛。穗状花序直立或稍弯垂；小穗含5～10小花；颖具5～7明显的脉；外稃边缘具长而硬的纤毛。颖果顶部有毛茸。

【**生存环境**】生于路旁、草地或山坡。

【**经济价值**】幼时为家畜喜吃。

植株

叶正面及叶鞘和秆放大　　叶背面放大，示无毛

穗状花序　　小穗　外稃　　第一颖与第二颖

小花　成熟果穗　　成熟果实　颖果先端具毛茸

## 偃麦草属 *Elytrigia*

**偃麦草** *Elytrigia repens*（L.）Desv.ex Nevski

【关键特征】多年生草本，秆成疏丛，直立。叶舌膜质，先端截平，长约0.5mm。穗状花序直立，小穗含6～10小花，颖披针形，边缘膜质；第一外稃长约1cm，芒长约2mm；内稃短于外稃，边缘膜质，具2脊，脊上生短刺毛。颖果黄褐色，长圆形，顶端具白毛。

【生存环境】生于山谷草甸及平原草地。

【经济价值】营养价值高，是优良饲草。

株丛　叶正面　叶背面

叶鞘，示叶表面具柔毛　花期小穗　小穗，示穗轴具毛

## 赖草属 *Leymus*

羊草 *Leymus chinensis*（Trin.）Tzvelev

【关键特征】多年生草本；根须状，具砂套。叶鞘光滑无毛，叶片灰绿色。穗状花序，小穗1～2个生于穗轴的每节上，每小穗含5～10花；颖锥状，不正覆盖小穗，具1脉；外稃光滑无毛。

【生存环境】生于草地、盐碱地、砂质地、山坡下部、河岸及路旁。

【经济价值】优良饲草。

株丛

叶正面

叶舌

叶背面

根茎横走，根具砂套

成熟果穗

穗状花序直立

## 龙常草属 *Diarrhena*

### 分种检索表

1.叶鞘密生微毛；花序分枝单纯，各具2～5小穗；外稃脉上粗糙，第一外稃长4.5～5mm·················
···············································································龙常草*D. mandshurica*

1.叶鞘无毛；花序分枝再分枝，各具4～13小穗；外稃脉上近平滑，第一外稃长3～3.5mm··················
···············································································法利龙常草*D. fauriei*

## 法利龙常草 *Diarrhena fauriei*（Hack.）Ohwi

【关键特征】多年生草本。叶表面无毛，叶宽1～2cm。圆锥花序，花序分枝再分枝。颖果长2.5～3mm。
【生存环境】生于林下及路边草地。

叶正面　叶背面　植株　根　圆锥花序　果序　果实

【关键特征】多年生草本。秆直立，节下具微毛；叶鞘短于节间，密生微毛；叶舌长约1mm，顶端截平或呈不规则的齿裂；叶宽6～20mm，表面常密生短毛。圆锥花序较狭，分枝直立与主轴贴生；小穗具2～3花。颖果长3.5～4mm。

【生存环境】生于林下及荒草地。

【经济价值】可药用，主疗痹、寒、湿。

植株，示圆锥花序分枝简单

叶背面

叶舌顶端撕裂，叶鞘具微毛

根系

小穗

# 早熟禾族 Poeae

## 羊茅属 *Festuca*

### 远东羊茅 *Festuca extremiorientalis* Ohwi

【关键特征】多年生草本。叶舌膜质，无叶耳；叶宽6～12mm。圆锥花序疏散开展，顶端稍下垂；小穗具4～5小花，芒生于外稃近顶端，细直，长5～6mm；子房顶端具毛。颖果披针形，长约3mm，顶端具毛。

【生存环境】生于山坡、路边和林下。

【经济价值】可作饲草。

叶正面

叶背面

植株　　叶舌膜质，长2～3（4）mm　　花序分枝

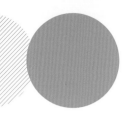

# 䕓草族 Phalarideae

## 䕓草属 *Phalaris*

䕓草 *Phalaris arundinacea* L.var.*arundinacea*

【关键特征】多年生草本。叶鞘无毛；叶舌薄膜质。圆锥花序紧缩，密生小穗，小穗长4～5mm；颖等长，可孕花的外稃宽披针形，软骨质。颖果淡灰至黑色。

【生存环境】生于林下、潮湿草地或水湿处（湿地）。

【经济价值】具有饲用价值。可药用，主治月经不调、赤白带下。

株丛

叶舌长2～3mm

地下根茎

花序一部分

小花　花序（未开花阶段）

果穗

开花的花序

叶背面

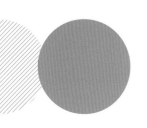

# 剪股颖族 Agrostideae

## 分属检索表

1.圆锥花序开展或紧缩，但不呈圆柱形·······························································萱草属Beckmannia
1.圆锥花序极紧密，呈圆柱状或长圆形，柱头细长·························································看麦娘属Alopecurus

## 萱草属 Beckmannia

### 萱草 Beckmannia syzigachne（Steud.）Fernald

【关键特征】一年生草本。叶鞘无毛，常长于节间。叶舌透明膜质。圆锥花序狭，具1或2～3次分枝；颖等长，背部具淡色的横纹；外稃顶端具短尖头；内稃短于外稃。颖果黄褐色，长圆形，先端具丛生短毛。

【生存环境】生于水边湿地及河岸上。

【经济价值】饲用价值较高，牛羊喜食。可入药，具清热、利胃肠、益气等功效；主治感冒发热、食滞胃肠、身体乏力。

株丛　叶正面　花序

花序一部分　叶舌膜质　花序一段分枝　小穗　小穗具1花，示颖、稃、雌蕊和雄蕊

## 看麦娘属 *Alopecurus*

## 看麦娘 *Alopecurus aequalis* Sobol.

【关键特征】一年生草本。叶鞘无毛，叶舌膜质，长2～5mm；圆锥花序细圆柱形，小穗椭圆形或卵状长圆形，长2～3mm；颖膜质，脊上具纤毛；外稃等大或稍长于颖，膜质，芒生于外稃的下部，长2～3mm，不露出或稍露出颖外。颖果长约1mm。

【生存环境】生于海拔较低的田边及潮湿地。

【经济价值】全草入药，利湿消肿、解毒。草质好，蛋白质含量较高，马、牛喜食。

花序部分放大

株丛

小穗，示颖膜质、脊上具纤毛，芒生于外稃的下部

秆及叶正面

圆锥花序，示雌蕊成熟期

雄蕊成熟期

叶舌

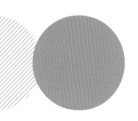

# 针茅族 Stipeae

## 粟草属 *Milium*

### 粟草 *Milium effusum* L.

【关键特征】多年生草本。叶鞘光滑无毛，具明显脉纹；叶舌膜质。圆锥花序较开展；小穗椭圆形，长3 ~ 4mm；颖近等长，具3脉；外稃软骨质、光亮，包着内稃。

【生存环境】生于林下及阴湿草地。

【经济价值】优良饲料。秆可用来编织草帽。

叶背面　叶正面　果序

株丛　果实

叶舌长 2 ~ 10mm

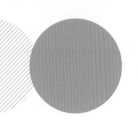

## 黍亚科 Panicoideae

### 分族检索表

1.小穗为单性，雌雄小穗分别位于不同的花序上或在同一花序的相异部分，但雌小穗不排列成星芒状的头状花序
·······································································玉蜀黍族Maydeae

1.小穗两性，若为单性，则成熟小穗与不孕小穗同时混生于穗轴上；若为雌雄异穗或异株，则雌小穗排列成星芒状的头状花序·····································································高粱族Andropogoneae

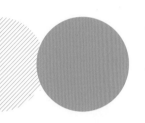

## 黍族 Paniceae

### 狗尾草属 Setaria

### 分种检索表

1.谷粒与颖分离而易脱落；第二颖略短于小穗；栽培植物·····································································粟S.italica

1.谷粒连同颖及第一外稃一起脱落；第二颖与小穗几等长；野生植物·····································································狗尾草S.viridis

### 狗尾草 Setaria viridis（L.）P.Beauv.

【关键特征】一年生草本。叶鞘较松弛；叶舌具1～2mm长的纤毛。圆锥花序紧密呈圆柱形，刚毛长4～12mm；小穗椭圆形，长2～3.5mm；第二颖几与小穗等长。果实成熟时谷粒与颖及第一外稃一起脱落。

【生存环境】生于荒野、道旁，为旱地田间常见的杂草。

【经济价值】可作饲料。入药。

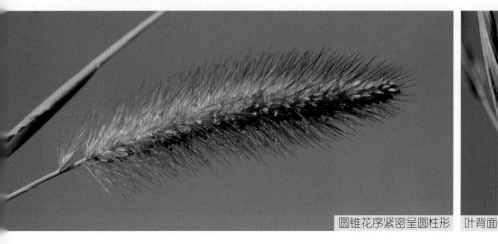

圆锥花序紧密呈圆柱形

叶背面

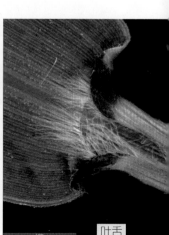

叶舌

植株

有的叶鞘无毛

有的叶鞘有毛

小穗托以刚毛

果实与种子

**粟** *Setaria italica*（L.）P.Beauv.

【关键特征】一年生草本。叶鞘无毛；叶舌具纤毛。圆锥花序穗状，常下垂，主轴密生柔毛；刚毛显著长于或稍长于小穗；小穗椭圆形。成熟后谷粒与颖分离而易脱落。

【生存环境】农田栽培。

【经济价值】营养价值高，含很丰富的蛋白质、脂肪和维生素。可入药，具清热、清渴、滋阴之功效。

果穗部分放大

果穗

株丛

叶正面　叶背面

叶舌具纤毛

# 高粱族 Andropogoneae

## 荻属 *Triarrhena*

### 荻 *Triarrhena sacchariflora*（Maxim.）Nakai

【关键特征】多年生草本。秆直立，高1～4m。叶舌长0.5～1mm，顶端钝圆，具一圈纤毛。圆锥花序扇形，小穗狭披针形，长5～6mm，基盘毛长为小穗的2倍；第一颖顶端膜质，具2脊，脊上具白色长丝状柔毛，长度通常超过小穗的2倍以上。外稃无芒或具短芒，内稃长为外稃的一半，顶端具长纤毛。颖果长圆形。

【生存环境】生于山坡草地和平原岗地、河岸湿地。

【经济价值】为优良牧草。嫩芽可食用。茎秆纤维含量高，可作为生物能源材料，也可用于造纸。植株姿态优美，可用作园林绿化观赏植物。地下茎可入药。

秋季株丛，示果序　　茎与叶，示节上具长毛　　叶舌具毛　　花序分枝一段　　花序　开花小穗　　小穗，示外稃无芒

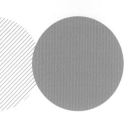

# 玉蜀黍族 Maydeae

## 玉蜀黍属 *Zea*

## 玉米 *Zea mays* L.

【**关键特征**】一年生高大草本。茎的基部各节具气生根。雄圆锥花序顶生，雄小穗长达1cm，含2小花；雌花序穗状圆柱形，生于秆中部叶腋中，雌小穗孪生，成行排列于粗壮呈海绵状之穗轴上；第一小花不育，第二小花雌蕊具极长而细弱的花柱。颖果多为马牙形。

【**生存环境**】农田栽培。喜温喜水。

【**经济价值**】玉米营养丰富，且具有抗癌作用。玉米秸秆和果实均可作为饲料。

植株

雄花序，生于植株顶端

雌花序穗状圆柱形，雌花的花柱细长

气生根

雄小穗具2小花，雄小花具3雄蕊

雌花序生于茎中部

果穗（不同品种颜色和大小各异）

颖果

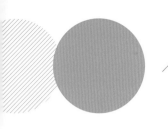

# 天南星科 Araceae

**科重点特征** 草本，肉穗花序，花序外或花序下具一片佛焰苞。常为浆果。

花程式：$* P_{0,4-6} A_{1-8} \underline{G}_{(3,2-15:1:1-\infty)}$

## 分属检索表

1. 花两性，肉穗花序上部无附属体；具根状茎；叶剑形，无柄；全株有特殊香气 ························ 菖蒲属 *Acorus*
1. 花单性，肉穗花序上部具附属体；具块茎；叶分裂；植株无香气 ························ 天南星属 *Arisaema*

## 菖蒲属 *Acorus*

**菖蒲** *Acorus calamus* L.

【关键特征】多年生草本，全株有特殊香气。叶基生，2列，中脉突起，长剑形。花序柄基出，三棱状，肉穗花序圆柱状，黄绿色，密生小花，子房呈六角状。浆果，成熟时红色。

【生存环境】生于浅水池塘、水沟旁及水湿地。

【经济价值】根茎可制香味料。全株有毒，根茎毒性较大。

植株

花序

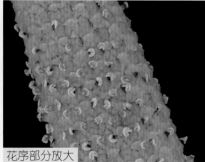

花序部分放大

## 天南星属 *Arisaema*

### 东北南星 *Arisaema amurense* Maxim.

【关键特征】多年生草本。第二片基生鳞叶约为第1片叶柄长的1/3，不具蛇皮状斑纹；叶裂片3～5，中裂片不比相邻侧裂片小。雌雄异株。肉穗花序包于佛焰苞内。浆果，成熟时红色。

【生存环境】生于山地林下、林缘、灌丛间的阴湿地带。

【经济价值】块茎入药，具有散风、祛痰、镇惊、止痛的功效；临床用于治疗宫颈癌、食管癌、肝癌、胃癌等。但直接从植物上摘取的种子和地下球茎不可服用，服用后严重者会导致死亡。

植株

叶正面

叶背面有光泽

花序包于绿色佛焰苞内

幼果

果序及残存的顶端附属体

块茎扁球形、周生须根

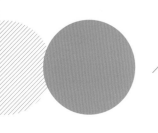

# 香蒲科 Typhaceae

| 科重点特征 | 多年生沼生草本，有根状茎。叶线形。雌雄同株，花单性，无花被，密集形成顶生穗状花序，常混有毛状的小苞片。雄花有雄蕊1～3枚；子房上位，1室，胚珠1枚。小坚果。 |
| --- | --- |

花程式：♂:$P_0A_{1-3}$ ♀:$P_0\underline{G}_{1:1:1}$

## 香蒲属 Typha

香蒲 *Typha orientalis* C.Presl

【关键特征】多年生水生草本。穗状花序，圆柱形，雄花序在上，雌花序在下，紧密相接。雌蕊柄上有毛。果穗成熟后长6～10（15）cm，粗2.5cm。种子椭圆形，褐或黄褐色。

【生存环境】生于水沟、水泡子及湖边。

【经济价值】在湿地生态系统中发挥重要的生态功能。园林造景中常被应用。嫩茎叶可食用。花粉在中药上称蒲黄，具有活血化瘀、止血镇痛的功效。叶可用来做手工编织品。全草造纸。

株丛

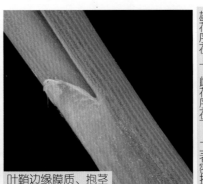

叶鞘边缘膜质、抱茎

雄花序在上、雌花序在下，二者密接

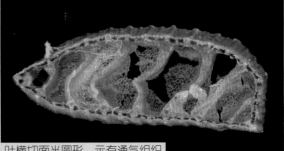

叶横切面半圆形，示有通气组织

雄花序部分放大

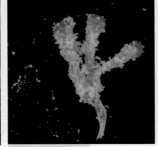

雄花，示雄蕊3

雌花序部分放大

雌花，示雌蕊柄上有白色毛、比柱头稍短

# 莎草科 Cyperaceae

> **科重点特征** 草本，常有根状茎。秆三棱形，实心，无节。叶3列，有封闭的叶鞘。花两性或单性，雌雄同株，少有雌雄异株，无花被或花被退化成下位鳞片或下位刚毛。小坚果。

花程式： $\uparrow P_0 A_{1-3} G_{(2-3)}$ 或 $\male: P_0 A_{1-3} G_0 \female: P_0 A_0 G_{(2-3)}$

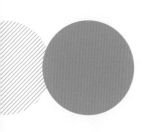

# 薹草亚科 Caricoideae

## 薹草属 *Carex*

### 分亚属检索表

1. 小穗通常两性、稀单性，无柄；枝先出叶大都不发育；柱头2，稀3 ·················· 二柱薹草亚属 subgen. *Vignea*
1. 小穗单性、稀两性，常具柄；枝先出叶存在，呈鞘状；柱头3，稀2 ·················· 薹草亚属 subgen. *Carex*

## 二柱薹草亚属 subgen. *Vignea*

### 多花薹草组（Sect. *Multiflorae*）分种检索表

1. 果囊边缘具宽翅；苞片叶状，显著超出花序 ································· 翼果薹草 *C. neurocarpa*
1. 果囊边缘无翅，具微增厚的边；苞片鳞片状，短于花序 ···················· 假尖嘴薹草 *C. laevissima*

# 翼果薹草 *Carex neurocarpa* Maxim.

【关键特征】多年生，根状茎短。叶片线形，宽 2 ~ 4mm。苞片叶状，显著超出花序。穗状花序紧密，尖塔状圆柱形。小穗多数，雄雌顺序。果囊边缘具宽翅，坚果疏松地包于果囊中。

【生存环境】生于草甸及水边湿地。

【经济价值】野生花卉，可植于湿地或阴山坡。

株丛

茎、叶

叶鞘 花序

分生小穗聚成头状穗，示小花柱头 2　　雌花果囊及鳞片　　果实和种子

# 假尖嘴薹草 *Carex laevissima* Nakai

【**关键特征**】多年生草本。叶宽约1.3mm。果囊边缘无翅，具微增厚的边，苞片鳞片状，不明显，短于小穗；喙微粗糙。小坚果疏松地包于果囊中，椭圆形，平凸状，长1～1.2mm，褐色，有光泽。

【**生存环境**】生于草甸及林缘草地。

植株

花序

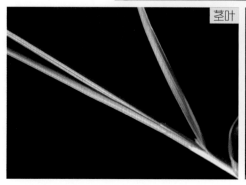

茎叶

小坚果，示柱头2

花序一部分：分生小穗聚成的头状穗

## 薹草亚属 subgen.Carex

### 薹草亚属分组检索表

1. 叶宽披针形，宽达3cm ·········································· 宽叶薹草组 Sect. Siderostictae
1. 叶长线形；果囊平滑无毛 ·········································· 柔薹草组 Sect. Debiles

## 柔薹草组 Sect.Debiles

## 卷柱头薹草 *Carex bostrychostigma* Maxim.

【关键特征】多年生草本。叶线形，宽3 ~ 4mm，质软。苞片叶状，具长鞘，苞片与花序近等长。小穗5 ~ 7个，雄小穗顶生；侧生者为雌小穗。果囊狭披针形，柱头3，细长，宿存。小坚果紧包于果囊内，三棱形，长约3.5mm，黄褐色。

【生存环境】生于林中湿地及河边、水边草地。

株丛

茎叶

根

花序顶部为雄小穗

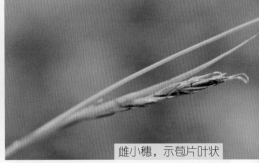

雌小穗，示苞片叶状

# 宽叶薹草组 Sect. *Siderostictae*

## 宽叶薹草 *Carex siderosticta* Hance

【关键特征】多年生草本。叶长圆状披针形，宽1～3cm，质软，扁平，有2条明显侧脉。苞片佛焰苞状；小穗5～10个，雄雌顺序，疏花，直立；果囊椭圆状卵形，三棱形，喙口截形。柱头3。

【生存环境】生于针阔叶混交林或阔叶林下或林缘、水边及山坡。

【经济价值】可作园林绿化地被植物，也可作饲草。

植株

叶片

根

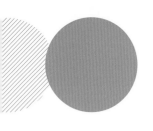

# 兰科 Orchidaceae

| 科重点特征 | 草本。花两侧对称，花被内轮1片特化成唇瓣，能育雄蕊1或2（稀3），花粉结合成花粉块，雄蕊和花柱结合成蕊柱，子房下位，侧膜胎座。蒴果，种子微小。 |

花程式： $\uparrow P_{3+3}A_{2-1}\bar{G}_{(3:1)}$

### 分属检索表

1.具假鳞茎；叶基生，2枚，无茎生叶或稀具褐色鳞片状叶；花无距······························羊耳蒜属 *Liparis*
1.块茎为卵状；叶茎生，2枚以上；花有距·······················································舌唇兰属 *Platanthera*

## 羊耳蒜属 *Liparis*

## 羊耳蒜 *Liparis japonica*（Miq.）Maxim.

【关键特征】陆生兰，假鳞茎椭圆状球形，基生叶2枚，边缘呈波状，具多数网状弧曲脉。花序总状，花序轴具翅；花淡绿色或带紫色，萼片长8～9mm，唇瓣长7～9mm，椭圆状倒卵形，向基部渐狭，蕊柱长2.5～3.5mm。蒴果倒卵状长圆形。

【生存环境】生于林下及林缘阴湿地。

【经济价值】可入药，具活血止血、消肿止痛之功效。

植株

花，示花柄180°扭转；蕊柱向前弯，上部多少有翅

总状花序，示花序轴具翅

假鳞茎及根

### 舌唇兰属 *Platanthera*

## 二叶舌唇兰 *Platanthera chlorantha* Cust.ex Rchb.

【关键特征】陆生兰，具2个卵形的块茎，常1大1小。茎直立，近基部具2枚近对生叶。总状花序；花绿白色，较大，唇瓣白色，舌状、肉质、不裂；子房扭转，细圆柱状，弓曲。

【生存环境】生于山坡林下、林缘或草丛中。

【经济价值】具观赏价值。可入药，具补肺生肌、化瘀止血之功效。外用治创伤、痈肿、水火烫伤。

花序

块茎（2个卵形的块茎、1大1小）和指状根状茎

植株，示具2枚叶

# 参考文献 /

[1] 中国科学院植物研究所. 中国植物志（中文版）. 北京：科学出版社，1999.

[2] 傅沛云. 东北植物检索表. 第2版. 北京：科学出版社，1995.

[3] 李书心. 辽宁植物志. 沈阳：辽宁科学技术出版社，1988.

[4] 邹学忠，李作文，王书凯. 辽宁树木志. 北京：中国林业出版社，2018.